例題で学ぶ 知能情報入門

工学博士　大堀　隆文
博士(工学)　木下　正博　共著
博士(工学)　西川　孝二

コロナ社

まえがき

　情報教育，ロボット教育を実施する大学においては，コンピュータによる知能の実現，すなわち知能情報の技術を取得することは非常に重要であり，全員が最低限の能力や技量を身に付けなければならない．しかし，知能情報の技術は一見難しく見え，特に文系学生は数字や数式の羅列により勉学意欲が消失する傾向にある．すなわち，理系の学生も含め，どんな教え方をしても学生本人のモチベーションがなければ，知能情報の知識を習得することはできない．

　ここで重要な要素は，初めて知能情報に接する学生が興味やおもしろさを継続して感じ，学習への意欲を保持できるか否かにある．しかしながら，学生の知能情報学習へのモチベーションを保つだけではなく，さらにより興味を湧き立たせる例題や課題を用意することは難しい．これまで知能情報の教材を工夫し学生のモチベーションを保ついろいろな方法が試みられているが，数値が中心の数学的な例題や課題が多く，「遊び」が少なく学習意欲を継続することは難しかった．

　本書では，学生のモチベーションを保ちながら知能情報の基礎を習得することを目的として，学生の興味を引きそうな例題や課題を開発した．すなわち，数学が苦手な学生，特に文科系の学生にはハードルの高い数学的な課題を極力減らし，最小限の数学からなる身近な話題を例・演習とした．

　本書は以下の1～5章と付録で構成される．1章では，知能情報入門として，知能をコンピュータで実現する意義について述べる．2章では，さまざまな知能情報システムを構築する基礎となる複雑系について述べる．複雑系を世に出現させた理論である「カオス」，新しい数学の世界を開きアートにも多く

使われている「フラクタル」，人工生命の研究の基礎となった「セルオートマトン」について学習する。3～5章は知能情報システムの代表例を示す。3章では，知能情報に学習と最適化の面で新しい風を吹き込んだ「ニューラルネット」，4章では，学習原理による一見解けそうもない問題を解いてしまう「強化学習」，5章では，生物の遺伝を巧みにアルゴリズム化して複雑な問題を解く「遺伝的アルゴリズム」を学習する。最後に付録では，本書で扱う知能情報の例や演習を解くのに必要な表計算 Excel，プログラミング Java について触れる。

　本書は大学等の講義において使用できるように，各章において例と演習を用意している。例は，実際に Excel または Java を用いて式またはプログラムを入力してみることで結果を確認することができる。また演習の解答例は Web ページからダウンロードすることができ，自分で作成した Excel の表や Java のプログラムと比較し学習することができる（p. 43 参照）。是非本書を読んで，1人でも知能情報が好きな学生が現れることを願ってまえがきとする。

　最後に，われわれをいつも陰からサポートしてくれている妻の大堀真保子，木下倫子，西川明子に最大の感謝の意を表したい。彼女らの支えがなければこのテキストを完成することはできなかっただろう。そして，本書の企画から完成まで，さまざまな面でご助力いただいたコロナ社の関係者の皆様に，改めて感謝申し上げる。

2015 年 6 月

著者を代表して　大堀隆文

執筆分担

1，4 章	木下 正博
2，5 章	西川 孝二
3 章，付録	大堀 隆文

目　次

1. 知能情報入門

1.1 知能とは ……………………………………………………… 1
1.2 人間の知能と機械の知能 …………………………………… 3
1.3 人工知能 ………………………………………………………… 5
1.4 問題解決と探索 ……………………………………………… 6
　1.4.1 問題の表現 ……………………………………………… 7
　1.4.2 状態空間による表現 …………………………………… 15
　1.4.3 探索 ……………………………………………………… 18
　1.4.4 発見的探索 ……………………………………………… 24
　1.4.5 最適化問題 ……………………………………………… 24
1.5 プロダクションシステム …………………………………… 25
1.6 意味ネットワークとフレーム ……………………………… 27
1.7 知識の表現 …………………………………………………… 28
　1.7.1 命題論理 ………………………………………………… 31
　1.7.2 述語論理 ………………………………………………… 34
1.8 エージェント技術 …………………………………………… 37
　1.8.1 エージェント …………………………………………… 37
　1.8.2 環境 ……………………………………………………… 39
1.9 演習 …………………………………………………………… 41

2. 複雑系入門

2.1 複雑系とは …………………………………………………… 44

- 2.2 カオス　…… 45
- 2.3 フラクタル　…… 48
- 2.4 セルオートマトン　…… 51
- 2.5 演習　…… 54

3. ニューラルネット入門

- 3.1 ニューロンの基本構造　…… 64
- 3.2 ニューロンのモデル化　…… 66
- 3.3 ニューロンによる論理関数の実現　…… 69
- 3.4 パーセプトロンによる AND 関数の学習　…… 76
- 3.5 パーセプトロンによる TCLX 文字認識　…… 84
- 3.6 Java によるパーセプトロンのアルファベット認識　…… 87
- 3.7 演習　…… 95

4. 強化学習入門

- 4.1 強化学習概論　…… 106
- 4.2 強化学習モデル　…… 109
- 4.3 エージェントの方策と状態価値関数　…… 111
- 4.4 強化学習の方法論　…… 112
  - 4.4.1 TD 学習　…… 112
  - 4.4.2 TD(0) による TD 学習の実装　…… 113
  - 4.4.3 Q 学習　…… 122
- 4.5 演習　…… 135

5. 遺伝的アルゴリズム入門

- 5.1 遺伝的アルゴリズムの原理　…… 140
- 5.2 遺伝的アルゴリズムの流れ　…… 141
- 5.3 遺伝的アルゴリズムによる簡単関数の最小化　…… 143

5.4 遺伝的アルゴリズムによるナップサック問題の解法 ········· *150*
5.5 演　　　　習 ··· *158*

付　　　録

A1. Excel 編 ··· *160*
　A1.1 Excel の基本　*160*　　A1.2 Excel のグラフ表示　*165*
　A1.3 Excel の関数　*167*
A2. Java 編 ·· *169*
　A2.1 判断文（if 文）　*169*　　A2.2 反復文（for 文）　*173*
A3. 配　　　列 ··· *176*
　A3.1 配列とは　*176*　　A3.2 配列の宣言とメモリ領域の確保　*177*
　A3.3 配列の要素数　*179*　　A3.4 多次元配列　*180*

引用・参考文献 ··· *183*
あ と が き ··· *185*
索　　　引 ··· *186*

知能情報入門

　知能情報とは，コンピュータによる知能を扱う情報処理の研究分野である．この分野が注目する技術は多岐にわたり，それらを網羅的に解説することは困難であるが，本章では，知能情報がどのように発展してきたかを解説し，次章以降の学習への導入とすることを目的とする．そのために，古典的な人工知能から始まり，問題解決と状態空間，探索，知識の表現，エージェント技術などについて説明する．

1.1 知能とは

　知能情報では知能（intelligence）を対象としているが，知能とはなんであろうか．情報処理において人間の行う知的な振る舞いをコンピュータによって実現させることは大きな目標であり，その一部は人工知能の分野として発展してきた．この考え方には哲学的要素も含まれ，非常に多岐にわたる議論が展開されている．例えば，アリはたがいに連絡を取り合い知的にえさを巣に運ぶ行動をしているように見える．また，粘菌とよばれる生命体は，迷路を通過してえさ場にたどり着くような振る舞いが報告されている．このような現象の根本に知能は存在するのか，ということが問題になってくる．人間がもつ知能を比較対象とすると判断が困難である．

　ここで少しとらえ方を広げ，知的（intelligent）な振る舞い（behavior）を実現する枠組み（frame work）として考えていく．これにより，人間を対象とした知能より，より単純な振る舞いも知能に含まれる．例えば，人間では条件反射は知能とは呼べないかもしれないが，知能情報の分野では刺激-反応系

(stimulas-response model）として体系付けることが可能である。また，人工生命の分野では，極めて単純な生命体が自身の生死のために振る舞う行動が知的であるとされる場合がある。知能が人間の脳に由来することから，脳のモデルを直接扱うニューラルネットに関する研究も急速に発展している。

このような知能を人間は具備しているが，機械，例えばコンピュータに知能をもたせることを研究テーマとして多くの労力がはらわれてきた。特に近年，複雑系（complex system）の分野では，創発（emergence）現象によって予期しない振る舞いが見られるような，人間の知能とは少々異なる知的な現象も取り扱われている。以下に，知能情報に関係する研究領域を挙げる。

（1） 人工知能
（2） 自然言語処理
（3） 認知・パターン認識
（4） ファジィ理論
（5） 知的画像処理・画像認識
（6） 分散人工知能
（7） 人工生命
（8） ゲーム理論
（9） メタヒューリスティクス
（10） ナチュラルコンピューティング
（11） ロボティクス
（12） 囚人のジレンマ
（13） スケジューリング
（14） 複雑系工学
（15） 自己組織化理論
（16） 機械学習
（17） ニューラルネットワーク
（18） 進化的計算
（19） 知的エージェント
（20） Web インテリジェンス
（21） ビッグデータ

以上のように，知能が関係する領域はさまざまであるが，「知能」が意味するものの解釈は主観的であり，特にコンピュータによる知能情報処理ではコンピュータの性能向上により大きく変化してきた。最近ではIBMが開発した人工知能であるWatson（ワトソン）が，ビッグデータを活用して遺伝情報と膨大な医学文献をもとにがん治療法を見つけ出す事例が報告されている。

この背景には，膨大な情報を高速で処理することが可能なコンピュータの出現がある。処理速度とともに知能情報技術の向上が新たな世界観を生み出す可能性があり，人類がかつて経験したことのないコンピュータ利用の形が現れるかもしれない。

1.2 人間の知能と機械の知能

人間は物を見て美しいと感じたり，おかれた環境で不快を感じたりする。また，自身の経験をもとに自分の意思決定をし，言葉を理解する。このような事象を機械によって実現することができるであろうか。機械あるいはコンピュータは反復的な作業を疲労せずにしかも正確にこなすことができるが，感情やあいまいな処理が苦手とされてきた。もし，機械が人間と同様な知能や感情をもつことが可能であるかどうかを判断することができれば，機械が知能をもったというひとつの証明になりそうである。

このことについて初めて理論的に説明したものが，1950年に発表されたイギリスの計算機科学者アラン・チューリング（Alan Turing）によるチューリングテスト（Turing test）である（図1.1）。チューリングは機械の知性について研究をしており，機械に知性をもった振る舞いができるかどうかの問題について議論を重ねていた。機械は思考できるのかという問題を「計算する機械と知性（Computing Machinery and Intelligence）」という論文によって提案した。このことは言い換えると，コンピュータに知性があるかということよりも，コンピュータはどのくらい人間の真似をできるのかということに主眼がおかれ，擬人化のレベルを推し量る試みといえる。

4　1. 知 能 情 報 入 門

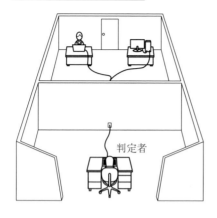

図 1.1　チューリングテスト

　チューリングテストでは，壁を隔てた2つの部屋の1つには入出力機能をもつ端末を操作できる人間がおり（この人間を判定者とよぶ），もう1つの部屋には人間とコンピュータが置かれている。ここで，判定者と人間，判定者とコンピュータは回線を通じて交信を行う。判定者が交信によって質疑応答し，どちらが機械でどちらが人間であるかを見破ることができなければ，その機械は人間と同じような知能を有していると判定しようという考え方である。質疑応答は音声によるものだと，機械が音声に変換する必要があるため，ほとんどがキーボードとディスプレイによるもので，文字のみでの交信に制限される。

　ここで，チューリングテストに合格するためには，対話能力，学習能力や推論能力が必要となる。これらは知能情報を扱ううえでも重要な概念であり，それぞれが研究の課題として現在でも継続されている。しかしながら，現在あまりチューリングテストそのものは利用されることがなく，問題の提案という位置付けが大きい。このような考え方が1940年代のコンピュータ登場からわずか数年で発表されたことは，驚くべき点である。

　2014年にロシアのスーパーコンピュータが「13歳の少年」としてロンドンで行われたチューリングテストに参加し，30％以上の確率で判定者に人間と間違われ，史上初めての合格者となった。

1.3 人工知能

　知能情報を考えるうえで，人工知能（AI: artificial intelligence）の研究の流れは重要である．古くから，機械に知能をもたせたいという思想はロボットの分野ではギリシャ神話のひとつの『イリアス』に人造人間として登場しており，現在では人工物研究の分野で人間と同じような知能と感情をもつ実体（人工物）として実現しようと開発が進んでいる．

　電子計算機が登場した時期と比べて現在はマイクロプロセッサの高機能，高集積化，低価格化と，情報ネットワーク技術の発展に伴い，知能の実現のための様相はかなり変化したといえる．例えば，知識（knowledge）の共有，言い換えれば価値観の共有などは，ネットワークを利用することにより高速度で実現可能となり，空間的な制約が激減した．日本からアメリカにある複数のロボットをリアルタイムで制御することも可能である．しかし，基礎的な理論や考え方は現在においても極めて有用でかつ重要である．

　日本では，コンピュータのことを電子計算機とよんでいた時代には，コンピュータを知能をもった脳として電子頭脳（digital brain）とよび，これを縮めて電脳などと表記し機械の脳が実現することが期待されていた．その背景には 1956 年のダートマス会議でマッカーシー，ミンスキーらによって人工知能という提唱がなされたことが人工知能のブームを引き起こし，人間の脳を機械で実現できると多くの研究者が期待した．ニューラルネット（neural net）の分野ではまさしく脳の計算機モデルを構築し，実問題を解くための方法論としている．

　人工知能研究の初期段階では，このようなブームにより多くの研究がなされたが，実際に研究を進めると意外に難しく，人間であればかなり平易な問題（ここではさまざまな解決すべき事柄）を解くことも単純ではないことが判明した．チェッカープログラム（checker program）やチェスプログラム（chess program），あるいはいくつかのエキスパートシステム（expert system）が提

案されたが，1970年代にはブームは去った。多くの研究者がこの分野から他に移ったが，根強く研究を進める人たちによって，1970年代後半から計算機の性能の向上とともに，再びエキスパートシステムを中心とするブームとなった。

エキスパートシステムは，人間の専門家の知識を構造的に記述したデータ構造を利用するもので，ある種の専門家が行う判断ができるものである。専門家の知識を表現することにより，それを判断に利用し，医療診断システムなどで利用された。エキスパートシステムはビジネスと結び付いたことで，関心を集めることになり，再び人工知能が注目されるようになった。

このような，初期の基礎的技術を基本とした人工知能をGOFAI（ゴーファイ：good old fashioned AI）とよび，多くの問題解決法や知能情報などが開発され，応用分野なども多岐にわたった。しかし，現在はこれらの方法論を基礎とするものも含めて多くの知能情報分野の研究が発展している。エージェント技術，ニューラルネット，遺伝的アルゴリズム，強化学習など，複雑系や自然知能処理からの新たなパラダイムシフトが起こっている。

1.4 問題解決と探索

人間がコンピュータを利用して解決する仕事は**問題**（problem）として考えることができる。このとき，仕事において与えられた目標を達成するために必要となる作業をコンピュータにやらせようとする。一般にコンピュータはプログラムを実行することによって目標を達成し，問題を解決する。このことを**問題解決**（problem solving）といい，与えられた問題の解を見つけることが目的である。人工知能以前のプログラムでもかなり限定された種類の問題解決がなされたが，人工知能のプログラムでは，できるだけ全体的な対応を目指している。言い換えると，よくできた人工知能には，汎用的に問題解決のできる一般的な目的のためのプログラムが必要である。

例えば，荷物配達人が自動車を使い出発地点から目標地点までいくつかの場

所を訪れて荷物を配達するような配送を考える。このとき，配達人は最短時間でより多くの場所を訪れ，かつ燃料の消費量を最小にしたいと考える。配達先を減らせば，時間と燃料の消費量を少なくできるので，すべての配達先を回らなければならないように問題を変更してみる。そうすると，出発地点から目標地点までのすべての配達先を回り，最小距離となる配送経路を求める問題となる。

これは，取り得る可能な配送経路の中から，移動距離を最小とする経路を探索する探索問題と考えることができる。すべての配達先を回ることを制約条件といい，距離を最小化するような関数を目的関数という。

1.4.1 問題の表現

ここでは，具体的な問題の例によって，扱おうとする問題とは何かについて考える。

（1） 出発地点から目標地点に到達する問題

簡単な迷路の問題を考える。この問題はさまざまな知能情報関係の技術において取り上げられる問題である。

【例 1.1】

図 1.2 に示すような迷路において，入口から出口までの経路を求め，経路を図示しなさい。

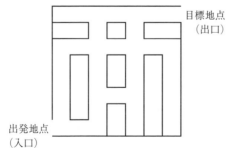

図 1.2　迷 路

＜処理条件＞
1. 経路は複数存在するので，すべての経路を表現する方法を考える。

2. 道路を直線で，交差点を丸印で表現する。

3. すべての交差点と道路を結ぶ。

【解説】

この問題は**図 1.3**（解答）に示すような道路を通って，出発地点から目標地点まで達する問題とみなすことができる。この図は迷路と等価な道路地図であるが，必ず出発地点から目標地点までをつなぐ経路が存在している。

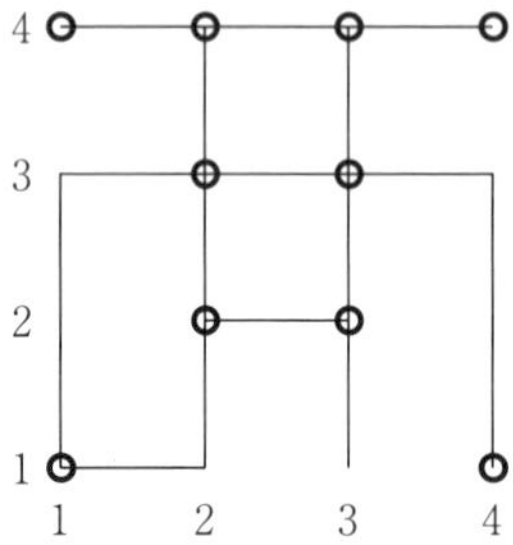

図 1.3　迷路と等価な道路地図

例えば，道路を歩く人を ❖ で示すと，与えられた初期状態（initial state）と目標状態（goal state）を**図 1.4** のように定義できる。

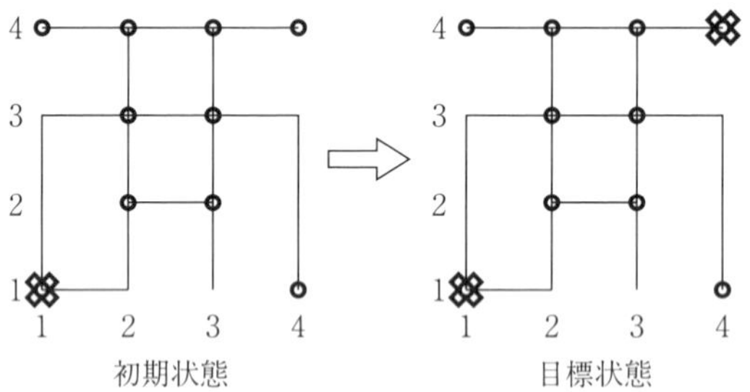

図 1.4　初期状態と目標状態

人は交差点でどちらの方向にも行くことができ，交差点は全部で 6 個ある。ここで，単なる曲がり角は交差点ではない。道路の位置を座標で表すと出発地点は（1, 1），目標地点は（4, 4）である。また，出発地点に最も近い交差点は（2, 2）であり，（1, 4）と（4, 1）は行き止まりである。（3, 1）は四隅ではないので行き止まりとしない。

この問題では，移動する人間の位置として，出発地点，交差点，行き止まり，および目標地点のみを考慮すればよい。人間がどの位置にいるかによって，その問題の状態（state）が決まる。このように，初期状態から目標状態までいくつもの状態を経由することが問題解決の過程となる。 ♠

例1.1では，状態の遷移は現在人がいる位置から次の位置へ動くことにより行われることがわかった。すなわち，この動きは，状態を別の状態に遷移させる。このような動きを問題解決のためのオペレータ（operator）とよぶ。問題解決のためには，適当なオペレータを順次適用していくことが必要である。

（2） コストを最小にする問題

迷路の問題では，出発地点から目標地点までの経路は1通りではない。同じ道を通ることを禁止すれば，経路の数は限定される。目標地点に到達することだけを考えると，いずれも正しい解である。

ここで，ある位置から別の位置へ動くために，その道路の長さに比例したコスト（cost）がかかるものとする。このとき，ある解のコストはその間に動いた距離の総和に比例する。しかし，例1.1の場合コストはすべて6となり，解を1つに決定することができない。コストの定義は問題によって異なる。迷路の問題でコストを目標までの時間とすることもできる。

【例1.2】
図1.5に示すような迷路の道路に，時間のコストが設定されている場合の最短時間で目標地点まで到達する最適経路（最適解）を求めなさい。

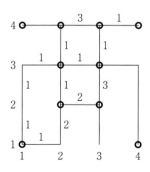

図1.5 時間のコスト

<処理条件>
1. 同じ道路は通ることができないので,可能な経路は5通りである。
2. すべての経路のコストの総和を求める。
3. 最小コストの経路を最適経路とする。

【解説】

可能な経路のコストを計算すると
1. $(1,1)$ — $(1,2)$ — $(1,3)$ — $(2,3)$ — $(2,4)$ — $(3,4)$ — $(4,4)$:コスト=8
2. $(1,1)$ — $(1,2)$ — $(1,3)$ — $(2,3)$ — $(3,3)$ — $(3,4)$ — $(4,4)$:コスト=6
3. $(1,1)$ — $(2,1)$ — $(2,2)$ — $(2,3)$ — $(2,4)$ — $(3,4)$ — $(4,4)$:コスト=9
4. $(1,1)$ — $(2,1)$ — $(2,2)$ — $(2,3)$ — $(3,3)$ — $(3,4)$ — $(4,4)$:コスト=7
5. $(1,1)$ — $(2,1)$ — $(2,2)$ — $(3,2)$ — $(3,3)$ — $(3,4)$ — $(4,4)$:コスト=10

となり,最適経路は2番の経路となり,図1.6のようになる。

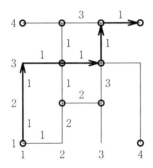

図1.6 最短時間による最適経路

1つのオペレータに対して一定のコストが定義されれば,総コストは目標に到達するまでに適用するオペレータのコストの和である。よって,この場合は道路を通過するために必要な時間の総和を計算すればよい。♠

このように,初期状態,目標状態,オペレータ,コストが定義され,コストを最小にする解を求める問題は最適解(optimal solution)を求める問題ともよばれる。

多くの人工知能に関するプログラムでは,基礎的な方法論がいくつか確立されている。問題解決を行うプログラムを構築する最初の重要事項として,**問題**

の**表現**（representation of problem）と効率的に問題を解決するための**探索**（search）が挙げられる．この仕組がよく考えられていなければ，プログラムの処理系がいかに優れていても良い解を得ることは困難である．**状態空間表現**（state space representation）は与えられた問題を表現する基礎的な方法で，そのままアルゴリズムとして展開することが可能である．この基本的な考え方も問題解決であり，与えられた問題を定義し，**初期状態**から**目標状態**への遷移をプログラム化することである．初期状態にある規則を適用して得られるすべての状態を**状態空間**（state space）とよび，問題解決は初期状態から目標状態までの最適な過程を見つけることである．

つぎに，問題としてよく取り上げられる **8 パズル**（eight puzzle）を例に説明する．問題の複雑性を考えるうえで，数字の書いてある駒（タイルともよぶ）の配置の組合せ数は，駒の配置は空き場所がどこでもいいことにすると $9! = 362\,880$ 通りあり，すべてのパターンをチェックするのは大変である．

図1.7に示すように，ランダムに配置された 8 個の駒を順番に規則正しく並べ替える問題である．ただし，駒は持ち上げることができず，スライドすることのみで移動させる．同じような移動過程が存在するため，候補となる解の数はかなり多くなる可能性がある．また，ランダムに駒を配置した初期状態から，スライドするという行動のみでは，目標状態に到達できない場合があり，このような解を実行不可能解という．

駒がないマス目を記号 B（blank）で表し，駒の配置を 1 次元配列で表す．状態空間表現では，①初期状態，②目標状態，③ルールの 3 つによって表現す

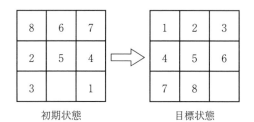

図 1.7　8 パズル

る。この問題では駒の移動がオペレータであるので,ルールはオペレータを選択するための規則であるといえる。

（a） 初期状態：$(8, 6, 7, 2, 5, 4, 3, B, 1)$

状態の表現は,上段のマスの左から右へ,同様に中段,下段と続けて1次元で表現する（**図1.8**）。

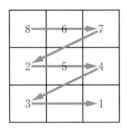

図1.8　初期状態の表現

（b） 目標状態：$(1, 2, 3, 4, 5, 6, 7, 8, B)$

真中にブランクを配置し,左上から右回りに周囲を順に配置する場合もあるが,ここでは一般的な,ブランクを右下に配置し,左上から**図1.9**のように並べる配置とする。当然ながら,解として成立するような初期状態は,この目標状態からマスをスライドさせた結果の配置でなければならない。

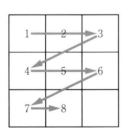

図1.9　目標状態の表現

（c） ルール：

ルールでは,ブランクの位置によって隣接する駒の移動を記述する。よって,上段で7通り,中段で10通り,下段で7通りの合計24通りの移動ルールを記述できる。

R1：(B, x1, x2, x3, x4, x5, x6, x7, x8) → (x1, B, x2, x3, x4, x5, x6, x7, x8)
R2：(B, x1, x2, x3, x4, x5, x6, x7, x8) → (x3, x1, x2, B, x4, x5, x6, x7, x8)

この2つのルールは左上にブランクがある場合，右隣りの駒を左に移動させるルール R1 と下にある駒を上に移動させるルール R2 を示している。

同様に

R3：(x1, B, x2, x3, x4, x5, x6, x7, x8) → (B, x1, x2, x3, x4, x5, x6, x7, x8)
R4：(x1, B, x2, x3, x4, x5, x6, x7, x8) → (x1, x2, B, x3, x4, x5, x6, x7, x8)
R5：(x1, B, x2, x3, x4, x5, x6, x7, x8) → (x1, x2, x3, B, x4, x5, x6, x7, x8)

から

R24：(x1, x2, x3, x4, x5, x6, x7, x8, B) → (x1, x2, x3, x4, x5, x6, x7, B, x8)

までに 24 通りのルールが考えられる。ここで，x1 〜 x8 は変数を表す。

このように状態空間表現を用いると，問題を形式的に表現することが可能となり，厳密に問題を定義することができる。

【例 1.3】

図 1.10 に示すような，初期状態から目標状態に遷移する駒の移動を考えなさい。

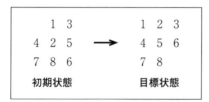

図 1.10　8 パズルの例

＜処理条件＞

1. ブランクに隣接する駒のみをスライドさせる。
2. どのルールを適用したか（どの駒をどのように動かしたか）を示し，駒の配置を図示する。
3. 目標状態になるまで繰り返す。

【解説】

初期状態から目標状態への遷移は図 1.11 のように表すことができる。

図 1.11 の例では，24 通りのルールから 4 つのルールを順に適用することによって，初期状態から目標状態に至っている。

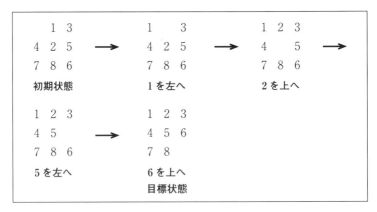

図 1.11 8 パズルの移動

しかし，一般にある状態に対して適用可能なルールは複数存在し，適用後は状態が変化するが，そのすべてを人間が試してみることは困難であることが例 1.2 からもわかる。♠

探索については後に説明するが，この状態変化をすべて表現すると探索木 (search tree) によって表現できるが，同じ状態が木の中に頻出してしまう。そこで，同一状態をノードで表し，探索グラフ (search graph) として表現する。

探索を用いたプログラムによる出力結果を図 1.12 に示す。

8 パズルの探索グラフは状態数が 9! 個（約 36 万個）と非常に多く，図示で

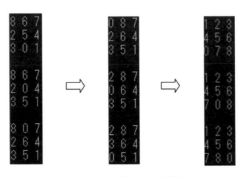

図 1.12 8 パズルの出力結果

きないが独立した2つのグラフになることがわかっている。同じグループ内では2つの状態はつながっているが，グループが異なる2つの状態の間には経路が存在しない。よって，初期状態とゴール状態が同じグループにあれば，解は存在するが，グループが異なる場合には解が存在しない。

8パズルでは，むだな操作を含むことから，解が無数に存在する。そのため，解の質（quality of solution）が問題となり，操作の手数が最小の解を最適解といい，一般に人間が最適解を見つけることは困難である。

1.4.2 状態空間による表現

ここまで迷路とパズルの具体例について，問題の状態，オペレータ，初期状態，目標状態を示したが，状態空間についてさらに詳しく考える。問題をより厳密に定義するために，状態の記述，オペレータ，制約条件について説明する。

（1） 状態の記述

問題の状態はすでに述べたが，それを記述することはコンピュータの中でどのように表現するかという方法論と密接に関係する。8パズルでは駒の配置を1次元配列で表現したので，コンピュータには都合がよかった。しかし，人間にとっては盤面を把握しづらく，どの駒を動かすことができるかを知ることが容易ではない。3×3の配列を使用すると人間の直感と一致し，盤面を表現するのに適している記述かもしれないが，ルールの記述が複雑になる。

このように，状態の記述と実際の状態とをいかに関係付けるかが重要となる。ここで，図1.13に示すような積み木の問題を考える。テーブルの上に置いてある積み木を順序よく並べて塔を作ることが目標である。この場合，テー

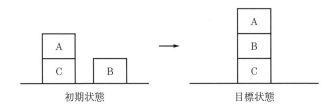

図1.13 積み木の塔を作る問題

ブルや他の積み木との関係を記述することが問題となる。

記述の方法として物体 x が物体 y の上に乗っているという関係を ON(x, y) と書くこととし，テーブルを TABLE と表記すると，図 1.13 を次のように表すことができる。

  ON(A, C)   ON(A, B)
  ON(B, TABLE) ⟶ ON(B, C)
  ON(C, TABLE)   ON(C, TABLE)

しかし，このような状態記述（state description）は，積み木を積み上げる作業のためには正確に積み木の位置を表していない。

【例 1.4】

図 1.14 に示すように，アーム型ロボットに初期状態から目標状態に至るような作業を ON (x, y) の記述だけで命令させなさい。

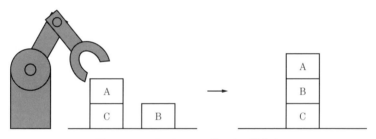

図 1.14 ロボットによる積み木の塔作成

<処理条件>

1. ロボットは物体 x の上に物体 y を置くことだけができる。
2. ロボットは物体の位置がわかり，それを持ち上げることができる。
3. ロボットは置く物体の位置がわかる。

【解説】

ロボットには次の手順を指示すればよい。

1. A をテーブルに置く。
2. B を C の上に置く。
3. A を B の上に置く。

このように，積み木問題では，問題の状態としては ON (x, y) という関係の集合だけで十分であることがわかる。　　　　　　　　　　　　　　　　♠

(2) オペレータ

オペレータはある状態に作用して，別の状態に変換する。したがって，オペレータは関数とみなすことができる。入力と出力は状態の集合である。

オペレータの入力となる状態は，一定の条件を満足していなければならない。この条件のことを前提条件（precondition）といい，各オペレータごとに前提条件がある。

ロボットを使った積み木問題を考える。ロボットの動作として次の2種類があるとする。

1. x を持ち上げる。
2. x を y の上に置く。

この動作をオペレータとすると，それぞれの前提条件は

1. x は積み木で，しかも x の上には何も乗っていない。
2. x を持ち上げている状態で，しかも y がテーブルであるか，あるいは y の上に何もない。

このような定義では，さらに記述を追加しなければならない。ロボットが積み木 x を持ち上げているという関係を HOLD(x) と書くとし，x の上には何もないという関係を CLEAR(x) と記述するとする。こうすると，図 1.13 の状態は次のように表される。

ON(A, C)	ON(A, B)
ON(B, TABLE) ⟶	ON(B, C)
ON(C, TABLE)	ON(C, TABLE)
CLEAR(A)	CLEAR(A)
CLEAR(B)	

また，オペレータの前提条件は次のように表される。

1. $(x \neq TABLE) \land CLEAR(y)$
2. $HOLD(x) \land (y = TABLE) \lor (CLEAR(y))$

ここまでの述語を再度まとめると,以下のようになる.

ON(x, y):積み木 x が積み木 y の上にある.

HOLD(x):積み木 x を持ち上げている.

CLEAR(x):積み木 x の上には何もない.

さらに,適用可能なオペレータを考えてみる.前提条件をその下に示す.

DOWN(x, y):積み木 x を積み木 y から降ろす.

前提条件:CLEAR(x), ON(x, y)

UP(x, y):積み木 x を積み木 y の上に置く.

前提条件:CLEAR(x), CLEAR(y)

これらのオペレータを適用すると,次のように,ある状態から次の状態に変換することができる.

現状態	オペレータ	目標状態
HOLD(x), CLEAR(y)	UP(y, x)	ON(y, x)
CLEAR(y)	UP(x, y)	ON(x, y)
ON(x, y)	DOWN(x, y)	CLEAR(y)
ON(y, x)	DOWN(y, x), HOLD(x), UP(x, y)	ON(x, y)

(3) 拘 束 条 件

拘束条件(constraint)は,目標を達成する際に守らなければならない条件である.例えば,A の上には何も載せてはいけないというような拘束条件をつけることができる.あるいは,テーブルを持ち上げることはできないという拘束条件も考えられる.このように,解が得られたときに拘束条件を満足しているかを調べることによって確認できる.

1.4.3 探　　　索

問題の処理について人間が行っている方法は,試行錯誤の**探索**である.候補となる解を次々に調べて正しいと思われる解を見つける.正しいと思われる解に見当をつけずに,可能なすべての解を全部調べることを**盲目的探索**(brute-force search),あるいは全探索といい,じっくり1つずつ調べていくという意

味で，その方法のことを**しらみつぶし法**（exhaustive search）ともよんでいる。この方法は単純だが，汎用的で問題によっては強力な方法論である。特にコンピュータの性能が著しく強化された近年では，面倒な仕組みを実装せずに単純な手法のみで解決するほうがコストがかからないことが予測される。

しかし，やはり全探索は大規模または複雑な問題を処理するには適当でない。全探索のアルゴリズムは指数関数的時間がかかることが多く，考えられるすべての組合せを調べなくてはならない。問題の規模が増大するにつれて，考え得る組合せ数も膨大なものになる。このことはしばしば組合せ爆発といわれる。

問題には，しばしば初期状態から目標状態への遷移の過程を見つけ出すことが求められる。この最適な過程を導く解を最適解といい，問題によっては必ずしも最適解でなくともよく，これを準最適解という。この最適解，あるいは準最適解を探索するような問題を探索問題（search problem）という。

【例 1.5】

4本の金の「のべ棒」A, B, C, D が 1 本ずつあり，それぞれの価値は金の純度により，16, 19, 23, 28 万円である。また，重量は，それぞれ 2, 3, 4, 5 kg である。あなたはナップサックを背負っていますが最大重量 7 kg までしか入れることができません。ナップサックに入れる「のべ棒」の価値の和を最大にするにはどの「のべ棒」を入れればよいかを A, B, C, D の組合せで答えなさい（**図 1.15**）。

図 1.15 金の「のべ棒」とナップサック

<処理条件>
1. 最大重量以内であれば,ナップサックに入れる個数の制限はない。
2. ナップサックに入れたり,出したりを自由にできる。

【解説】

このような問題は**ナップサック問題**(Knapsack problem)といわれ,袋に入れるか入れないかの2つの場合だけを考えるので,0-1ナップサック問題ともよばれる。一般化すると,以下のように記述することができる。

n個の品物があり,それぞれについてその重さm_iと,その価値v_iが与えられている。ここに,最大重量がCまで詰め込める袋に価値の総和を最大にするためにはn個の品物のどれを詰め込めばよいか。

この問題は,整数計画問題(または,0-1計画問題:0-1 programmingともよばれる)として定式化することができる。すなわち

目的関数 $\text{maximize } z = \sum_{i=1}^{n} v_i x_i$ \hfill (1.1)

制約条件 $\sum_{i=1}^{n} m_i x_i \leq C \quad x_i \in \{0,1\} \quad (i=1,2,\cdots,n)$ \hfill (1.2)

ここで,x_iは品物iを詰めるか詰めないかを表す1,0の値をとる変数である。よって,解の表現は以下のようになる。

$(x_1, x_2, x_3, \cdots x_n) \quad (x_i \in \{1,0\})$ \hfill (1.3)

このような解候補の総数は2^n個存在し,仮にnが20でも1 048 576個の解が存在するため,nの増加に伴い解を見つけることが困難となる。

そこで,最も単純な解を見つける方法が**列挙法**(enumeration method)である。または,しらみつぶし法あるいは**総当たり法**(brute-force method)とよぶ。これらは厳密に最適解を求めることができるという意味で**厳密解法**(exact method)とよばれる。

2^n個の解候補それぞれについて調べ,その解候補に対応する目的関数(価値の合計)を計算して最も大きいものを(厳密に)最適解とする方法である。

例1.5では目的関数と制約条件は次のようになる。ここで目的関数値をzで

表す。

目的関数　　　$z = 16x_1 + 19x_2 + 23x_3 + 28x_4$ 　　　　　　　(1.4)

制約条件　　　$2x_1 + 3x_2 + 4x_3 + 5x_4 \leq 7$ 　　　　　　　　(1.5)

ここで，x_1, x_2, x_3, x_4 の順で，ナップサックに入れるか入れないかによって解を木構造で表すことができる。これを列挙木と言い，解の表現と一致する。

図 1.16 に例 1.5 の列挙木を示す。

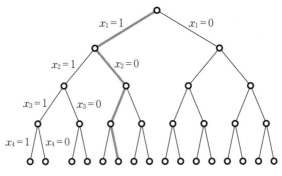

図 1.16　列挙木による解の表現

この列挙木において，太い枝で示している部分が解 (1, 0, 1, 0) を表しており，目的関数値は 39 となることがわかる。このように，すべての解候補を調べる方法をしらみつぶし法または列挙法とよぶが，可能なすべての解を列挙し，そのすべてについて評価値を計算し，評価値の最も高い解を取り出す。全探索ともよばれる。一般的なアルゴリズムとしては，次のようになる。

＜アルゴリズム＞

1. 暫定解 best に十分小さな値を入れておく
2. x の評価値を $f(x)$ とし $f(x) >$ best なら置き換える
   このとき z を x で置き換え best を $f(x)$ とする
3. 暫定解 z とその評価値 best を出力

この例では 16 通りの組合せをしらみつぶしにチェックしていけばよいが，チェックの過程において実行不可能な解が見つかれば，それ以下の列挙木は調べる必要がない。このように，列挙木では次のような性質が考えられる。

- 解候補をすべて調べることができれば，必ず最適解を見つけることができる。このことを厳密解法とよぶ。
- 途中で解の探索をやめたとき，それまで得られている最適解の候補（暫定解）が最適解とは必ずしも限らない。
- 解候補の総数（葉の数）は 2^n なので，n が大きいと現実的な時間で最適解を見つけることは困難である。
- 一般には列挙する順番にはよらないが，0-1 ナップサック問題は実行不可能な解が見つかれば，それ以下の列挙木は調べる必要がない。

実行不可能解を黒丸で示し，さらに探索すると**図 1.17** に示すように最適解を見つけることができる。

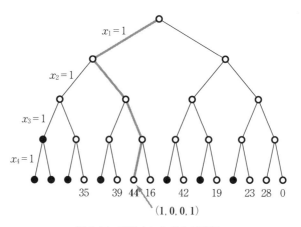

図 1.17 列挙木における最適解

以上のように，解は A と D をナップサックに入れ，その価値は 44 となる。しかし，この方法では明らかにむだとなる列挙木の探索も行っているため，これを回避する方法として，**分枝限定法**（branch and bound method）がある。

分枝（branch）とは，探索中に列挙木の枝分れを調べていくことで，上界（upper bound）と下界（lower bound）を求め，列挙木の探索を上界と下界を保持しながら行う。上界は，最適解がその値以上にはなりえない目的関数値で，下界は最適解がその値以下にはなりえない目的関数値を示している。この

1.4 問題解決と探索

ように，列挙木の探索点以下の探索を行わない限定（bound）操作からなることから，分枝限定法は枝刈り法ともよばれる。 ♠

　これまで述べてきた人工知能はコンピュータで行う知的処理を可能とする研究分野であるが，扱う分野は知能・推論・問題解決・言語習得・記憶・学習など幅広い分野を扱う。その中でも問題解決の分野では多くの解探索の手法が提案された。例えば，関数の解探索や，組合せ問題の解法などでは，解を得るための探索手法に注目が集まった。

　このように解析的に解を得るための手法を適用する方法論から，複雑な事象をそのまま扱うような方法論へのパラダイムシフトが起きた。その中でも組合せ最適化問題を解くために，与えられた問題の膨大な解候補によって形成される解空間の中から，なんらかの評価関数を用いて最適解，あるいは準最適解を得るための方法論が開発された。

　例えば，一般に多峰性関数では解を解析的に求めることは困難である。そこで，どこかの解の候補となる地点からスタートして徐々に最適な解に近づいていくことを考える。近づいていく方向は関数の傾きから判断できるとすると，探索ステップに従って次の近傍解に移動していくことができる。しかし，この方法では，より良い解が別の峰にあるかもしれない場合に工夫が必要になる。

　このような繰返し処理はコンピュータが得意とする分野であるが，しだいに解に近づいていくという知能を利用したといえる。この方法はあたかも解を求めて山を登ることに例えて山登り法（mount climb method）とよばれる。

　また，組合せ数が膨大な場合の組合せ爆発を起こす問題を解く手法も，知能処理の研究分野である。取り得る可能性のある解をしらみつぶしに探索し，その解を評価すると，実際には探索処理回数が実行不可能な数になってしまう。このような事象を組合せ爆発と言い，データの数に対して手続きが膨大になってしまう。前述のように，解をすべて探索する全探索法（しらみつぶし法）では非常に大きな解探索空間を扱うことになる。

1.4.4 発見的探索

もし，探索する正しい方向がわかる見当をつけることができれば，組合せ爆発を防ぐことができる。何かの見当をつけることにより，解をすべて調べることを避けることができ，探索の領域をしぼることができる。

ヒューリスティクスとは発見的手法を指し，発見に役立つというギリシャ語に由来している。例えば，数学の問題を解いているときに，教室では習わないが上手に特定の問題を解く方法を見つけたとする。このような方法をヒューリスティクスといい，特別の方法という意味ではアドホック（ad-hoc）ともいわれる。ヒューリスティクスを使うことにより，経験の知識などを利用し探索の効率化を図ることができる。発見的な手法を用いた探索を**発見的探索**（heuristic search）とよんでいる。

しかし，この方法は特定の問題にしか適用できないことが多い。そこで，最近は一般性をもたせたメタヒューリスティクスが注目されている。接頭語メタは特定の問題ばかりでなく，多くの問題に適用できる一般性をもつことを意味している。

最適な解を探索することを最適化とよぶが，メタヒューリスティクスによらない方法論では，最適解の局所解に陥る可能性が大きい。メタヒューリスティクスではできるだけ大域解を見つけ出そうとする。

1.4.5 最適化問題

工場で生産する部品の数を最大化したい。あるいは，決められた数の商品の購入額を最小化したいなどの意思決定を行うとき，必ず「最大」あるいは「最小」の用語が使用される。このように，ある価値を最小あるいは最大にするように意思決定する問題を，最適化問題という。

ある価値とは，費用や重量のように，問題によって異なる。価値を表す言葉を評価関数とよび，評価関数を決める要素を変数とよぶ。

要素が1つのときは，これを変数 x で表す。また，そのときの評価関数を $f(x)$ で表す。例えば，評価関数が $f(x) = x^2 - 5x + 1$ で $f(x)$ を最小化する問

題を扱うとする。このとき，最適化問題は

$$\underset{x}{\text{minimize}} f(x) = x^2 - 5x + 1 \tag{1.6}$$

あるいは，単に

$$\min_{x} f(x) = x^2 - 5x + 1 \tag{1.7}$$

と表現する。評価関数 $f(x)$ が一般的な関数を代表する場合は

$$\min_{x} f(x) \tag{1.8}$$

と簡単に表現する。これは「関数 $f(x)$ を最小にするような変数 x を見つけなさい」を数式で表現している。変数が2個以上の場合も同様に表現することができる。このように，最適化問題では目的関数値を最大あるいは最小とする変数を見つける問題となる。古くから知られた最適化の方法として山登り法があるが，山登り法の基本的な考え方は，局所的に解を少し変更し，改善されればその解を新たな解にする戦略である。

　最適化問題を解く方法は，最大値を求める問題では，一歩ずつ山の頂上を目指す様子に似ている。登山では，踏み出して歩んだ地点で，前の位置より少し高く登っているならば成功である。この一歩が最大値を求めるために進む方向となり，評価関数は高さに相当する。この方向は，探索ベクトルとよばれる。探索ベクトルで進んだ新たな地点が，前の評価関数の値より大きければ探索は局所的に成功である。繰返しによって最大値の探索を行うので，繰返し法（iteration method）ともよばれる。

1.5　プロダクションシステム

　知識を記述する方法でよく用いられるものは「if then」形式で**ルール**（rule）を記述していき，「もし~ならば…する」という断片的な知識を記述していくものである。**プロダクションシステム**（production system：PS）はこの枠組みを実装するための手法で，ルールの記述を基礎としていることから**ルールベースシステム**（rule-based system）の基礎となっている。PSは振る舞いを

規則として構成して知識を表現する，ある種のプログラムとみなすことができる。この規則のことをプロダクションとよぶ。よってプロダクションとは，ここではルールの適用によって新しい知識が生成されることを意味している。また，用いられるルールを特にプロダクションルールとよんでいる。

プロダクションシステムは次の3つの構成要素からなる。

① **ワーキングメモリ**（working memory：WM）
② **プロダクションメモリ**（production memory：PM）
③ **インタプリタ**（interpreter）

WMは事実に関するデータの集合であり，しばしばデータベースともいわれる。WMはルールが実行されるたびに更新される短期記憶で，初期状態とゴール状態によって初期化され，その後更新，参照を繰り返す。

PMは知識をルールとして格納しているメモリで，条件と動作がセットで記述されている。そのため，知識ベース（knowledge base），あるいはルールベースともいわれる。WMが短期記憶であったのに対し，PMは長期記憶であるとも考えられている。

インタプリタはWMとPMのデータやルールを解釈して推論を行う。推論を行う中核であるため**推論エンジン**（inference engine）ともよばれている。

PSはインタプリタによって制御され，以下の手続きを踏む。

① **パターン照合**（pattern matching）　現在のワーキングメモリのデータとルール条件部の文字列との照合を行う。条件を満たすルールの集合である競合集合（conflict set）を求める。適用可能なルールがない場合は終了する。
② **競合解消**（conflict resolution）　競合集合の中から実際に適用するルールを選択する。
③ **右辺実行**　プロダクションルールの右辺を実行し，ワーキングメモリを更新し，再度パターン照合に戻る。

基本的操作は以上であるが，実際のシステムでは解が求まったか否かのチェックを行ったり，パターン照合の効率化を図ったりしなければならない。

例えば，WMの中にルールと行動の組合せが非常に多く存在する場合，パターン照合だけに処理の大半を要してしまう。そこで，以前にパターン照合した情報を保存しておき，WMとルール集合のパターン照合の処理に利用する考え方である。

全体の構成と処理の流れを**図 1.18**に示す。

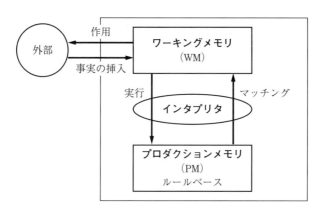

図 1.18 プロダクションシステムの構成と処理の流れ

初期状態とルールの右辺がマッチした場合，あるルールを適用し初期状態から目標状態を生成する推論のことを**前向き推論**（forward reasoning）という。逆に，目標状態とルールの右辺がマッチした場合，ルールを逆向きに適用し目標状態から初期状態を生成する推論が**後向き推論**（backward reasoning）である。

1.6 意味ネットワークとフレーム

フレーム（frame）は知識表現の枠組みで，複数のフレームがネットワーク状につながり，複雑な知識が表現される。1975年にミンスキー（Minsky, M.）によって発表された**フレーム理論**（frame theory）に基礎をおいている。フレーム理論はあるシーン，場面についての人間の理解を，認知心理学の立場から統一的に論じようとしたものである。全体の知識は，ルールでは個々のルー

ルの集まりであったが，フレームでは個々のフレームを節点とするネットワークになる。

フレームは以下のような項目からなる。
① フレーム名：ユニークな識別名
② スロット名：ユニークな識別名
③ インヘリタンス推定：上位フレームと下位フレームにおいて同一のスロットが存在する場合，上位のスロット値を下位にどのように継承させるかを指定する。
④ データ型指定：スロット値として記述されるデータの型を指定する。
⑤ スロット値：スロットの値を指定する。
⑥ デーモン：デーモン（demon）は一定の条件が満たされたときに自動的に実行される手続きを意味する。

図1.19に簡単なフレームによる知識表現の例を示す。

動物		犬	
is-a	生物	is-a	生物
属性	動く	食べ物	雑食
属性	食べる	走る速度	速い
属性	呼吸する	性格	人なつこい

図1.19 フレームによる知識表現例

フレームは意味ネットワーク（semantic network）と同じ知識表現を用いている。意味ネットワークとは，認知心理学における長期記憶を構造モデルとした知識表現法である。

1.7 知識の表現

これまで，知能あるいは知識を表現するための方法論の概略を述べたが，ここでは，計算論理，特に命題と述語について少し詳しく説明する。例としてし

ばしばロボットの制御が取り扱われている。

　ロボットが，自身のおかれた環境に関する事実を推論するとき，論理的推論の方法が取られてきた．例えば，環境の一部の変化が他の部分にもなんらかの変化を起こすような場合，有効とされている．

【例】　ロボットが，ドアと窓の付いた部屋の中にいると仮定する（図1.20）．

図1.20　ロボットと環境の例

　ドアのそばには机があり，机の上には箱がある．ロボットのその環境に関する知識は，次の3つの文によってある程度表すことができる．

　1．机がドアのそばにある．
　2．箱が机の上にある．
　3．箱がドアのそばにある．

　ここで，机が窓のそばに来るように，ロボットが机を動かすものと仮定してみる．そうすると，文1.は次のように変えられなければならない．

　1．机が窓のそばにある．

　1．と3．の文をどう変えたらよいかということは，ロボットにとってあまりはっきりしていない．箱は，机の移動後もまだ机の上にあるだろうか．もしそうであれば，ロボットにとって明らかではないが，文3.を変える必要がある．

　3．箱は窓のそばにある．

　机の上の品物を乱さずに机を動かしていくのであれば，机を注意深く動か

す必要があり，ロボットは次のように推論できる．

・もし，箱が机の上にあり，私が机を注意深く動かしたのなら，箱は窓のそばにある．
・箱は机の上にあった．
・私は，机を注意深く動かした．
・ゆえに，箱は机の上にある．

文2.はここで変化しない．

文3.についてロボットは次のように推論する．

・もし机が窓のそばにあって，箱がその机の上にあれば，箱は窓のそばにある．
・箱は机の上にある．
・机は窓のそばにある．
・ゆえに箱は窓のそばにある．

このように，文3.は変えられなければならない．

　ここで，ロボットは箱がどこにあるかだけを見たとすると，それがどこにあるかを知ることができると考えられると思うかもしれない．しかし，ロボットが複雑な一連の振る舞いを実行する前に，その計画を立てようとすると，机を動かすことが箱を動かすことになることを知っておく，なんらかの方法を手に入れなければならない．

　ロボットは目標とする状態に到達できるか，あるいはどのようにすればその状態に到達できるかということを，論理的推論を使って推論しなければならない．ロボットへなんらかの命令を与えることができたとして，箱が窓のそばに来るように机を動かすという命令を仮定してみる．ロボットは，机が窓のそばに来るときは箱もまた窓のそばに来るということを推論しなければならない．このような推論ができれば，ロボットの目標が達成できたといえる．このように論理的推論は，目標状態に到達するための重要な方法である．

　コンピュータでこのような論理的推論を実現するものとして，計算論理という領域があり，記号論理または数学論理として以前から知られていたものを基

礎としている．これは2つの部分に分けられる．命題論理と述語論理である．

1.7.1 命題論理

論理では，命題は真と偽のどちらかである1つの文である．命題の例として

「箱は机の上にある」

「ロボットは窓のそばにいる」

「太陽は明朝昇る」

命題は代数で数値を表すために文字が使われるように，1つの文字で表される．命題に一般的に用いられるのは p, q, r, s である．例えば

p が「箱は机の上にある」を表す．

q が「ロボットは窓のそばにいる」を表す．

r が「太陽は明朝昇る」を表す．

そこで，p, q, r, s を使うことは対応する命題を使うことになる．

もし，p or q ということは

箱は机の上にあるか，またはロボットは窓のそばにいる．

ということを示す．

このように単一の命題を連結することにより新しい命題を作ることによって，論理は役立つものに変っていく．表1.1に典型的な数学論理記号を示す．

2つの命題が連結語で結びつけられるとき，その結果できた式は，もとの命題と連結語によって定義される意味をもつ別の命題を表す．例えば，p, q, r が前に与えられた命題を表すものであれば，それは

not p

表1.1 典型的な数学論理記号

連結語	記号	
and	∧	&
or	∨	|
not	∼	⌐
implies	⊃	

は

　　　「箱は机の上にない」

ということを表す。また

　　　　p or r

は

　　　「箱は机の上にあるか，または太陽は明朝昇る」

ということを表す。

　次に，命題と論理連結語をもつある式が与えられたとして，式全体が表す命題が真か偽かを計算することを考える。各命題の真偽はすでにわかっているので，真の命題には値Tを，偽の命題には値Fを割り当て，真理値表を作成することができる。論理演算と同様に，not, or, and の真理値表は**表1.2**～**表1.5**のようにすぐにできる。

表1.2 not の真理値表

p	not p
T	F
F	T

表1.3 or の真理値表

p	q	p or q
T	T	T
T	F	T
F	T	T
F	F	F

表1.4 and の真理値表

p	q	p and q
T	T	T
T	F	F
F	T	F
F	F	F

表1.5 implies の真理値表

p	q	p implies q
T	T	T
T	F	F
F	T	T
F	F	T

　連結語 implies は，1つの命題が他の命題を暗示（imply）するもので

　　　　p implies q

は

　　　「if p then q」（もし p なら q）

に対応し，もし，命題 p が真なら命題 q もまた真である，ということを示している。したがって，p implies q を偽とする唯一の方法は，もし p が真で q が

偽という場合だけである．言い換えると p が偽の場合は何も言っていないことになる．

ある命題が真であるとされるとその結果，他のものも真であると推論したくなる．このような推論方法ために**アーギュメント**（**論証**）という形式で表現する．例えば

　　p　　　　　　　　　　（仮定）
　　$\underline{p \text{ implies } q}$　　　（仮定）
　　q　　　　　　　　　　（結論）

線の上の命題は，仮定であり，これは真であると仮定される．その下の命題は，結論である．結論の真理は，仮定が真であれば確かなものとなる．

上記の implies のアーギュメント形式は特に Modus Ponens（モーダスポネンス）とよばれるもので，命題が真で，その命題が他の命題を implies するものであれば，その命題もまた真であることを示す．Modus Ponens アーギュメント形式の例を次に示す．

　　雨が降っている　　　　　　　　　　　　　　　　　　　（仮定）
　　$\underline{\text{もし雨が降っていれば，傘を持っていかなければならない}}$　（仮定）
　　傘を持っていかなければならない　　　　　　　　　　　（結論）

真理値表から Modus Ponens の妥当性を確かめることができる．したがって，次の論理積結合と Modus Ponens の例を考えることができる．

　　p and q　　　　　　　　　（仮定）
　　$\underline{(p \text{ and } q) \text{ implies } r}$　　（仮定）
　　r　　　　　　　　　　　　　（結論）

ここでは，1つの式が他の式の中で文字に置き換えられるとき，置き換えられた式は，カッコの中に入れられることに注意しなければならない．

先のロボットと机，箱のアーギュメント仮定では

　　p が「机が窓のそばにある」を表す．
　　q が「箱が机の上にある」を表す．
　　r が「箱が窓のそばにある」を表す．

と再定義すると，このアーギュメントの仮定は

　　　p
　　　q
　　　$(p$ and $q)$ implies r

というように形式化することができる。

1.7.2 述語論理

命題論理は，完全な文だけしか扱わないという点で制限されている。すなわち，事柄の関係を表す方法がないので，述語論理によって関係を指定する。

例えば，次の命題を考える。

　　　箱が机の上にある。

この命題は，2つの項目を扱っている。

　　　箱
　　　机

箱と机の関係は

　　　is on 　　（〜の上にある）

という語によって指定されている。

述語論理では，命題が表明を行う項目のことを**個体**とよぶ。個体には，1語の名前が付けられる。上の命題の場合は

個体	名前
箱	BOX
机	TABLE

個体について表明する命題の部分を**述語**とよび，述語にも1個の名前を付ける。

述語	名前
is on	ON

最後に，もとの命題は述語と個体によって，次のように書ける。

　　　ON(BOX, TABLE)

述語を先に書き，カッコの中に個体を書く．

例として，ロボットと机，箱，窓に関する推論を考える．ここで，個体と述語を追加する．述語 is by は～のそばにあるという関係を示す．

個体	名前
窓	WINDOW
述語	名前
is by	BY

そうすると，ロボットの仮定は次のようになる．

1. BY(TABLE, WINDOW)
2. ON(BOX, TABLE)
3. BY(TABLE, WINDOW) and ON(BOX, TABLE) implies BY(BOX, WINDOW)

これらの仮定を応用して得られた仮定と結論は以下のようになる．

4. BY(TABLE, WINDOW) and ON(BOX, TABLE)　　（仮定）
5. BY(BOX, WINDOW)　　　　　　　　　　　　（結論）

4.の仮定は命題論理で扱った論理結合であるので，以下のように考えることができる．

　　BY(TABLE, WINDOW)　　　　　　　　　　　（仮定）
　　ON(BOX, TABLE)　　　　　　　　　　　　　（仮定）
　　BY(TABLE, WINDOW) and ON(BOX, TABLE)　（結論）

個体と述語を使い命題を表現する形式はこのように書けるが，まだ命題論理の域を出ていない．

個体変数を使うと，命題論理で不可能であった文を作成することができる．ただし，変数はあらゆる個体を表すものなので，変数をもつ命題が真になる場合には，その変数にどのような個体名が置き換えられても，その命題はいつも真とならなければならない．

例えば，x, y, z という文字を変数とすると

　　(BY(TABLE, WINDOW) and ON(x, TABLE) implies BY(x, WINDOW)

は
　　「机が窓のそばにあって，机の上に何か（xで表すもの）があれば，そのものは窓のそばにある。」

ということを表している。当然ながらxにはBOX, PEN, BALL, BOOKなどに置き換えられる。

　また，記号の式によって形式的に表現する方法の一つに形式論理（formal logic）がある。

　例えば「xは人間である」をMAN(x)で表し，人の名前である太郎や次郎を記号TAROおよびJIROで表すと

　　MAN(TARO)

　　MAN(JIRO)

という論理式（logical formula）は「太郎は人間である」，「次郎は人間である」ということを表す。

　変数を使った仮定で次の文を考える。

　　　人間は皆死ぬ

これは，次のように記述することができる。

　　MAN(x) implies MORTAL(x)

ここで，impliesは（if 〜 then）を意味するので，次のように解釈することができる。

　　　あるものが人間なら，それは死ぬ

　この分野でよく使われるアーギュメントを述語論理で示す。

　　1. すべての人間は死ぬ。
　　2. ソクラテスは人間だ。
　　3. ゆえにソクラテスは死ぬ。

　　1. MAN(x) implies MORTAL(x)　　　　　　　　　（仮定）
　　2. MAN(SOKRATES)　　　　　　　　　　　　　（仮定）
　　3. MAN(SOKRATES) implies MORTAL(SOKRATES)　（仮定）
　　4. MORTAL(SOKRATES)　　　　　　　　　　　　（結論）

ステップ3.の仮定は，ステップ1.のxにSOKRATESを置き換えて得られたものである．以上のように個体名を変数に置き換えることは，個体が変数の特定の「例」であることから「例示」とよばれている．

ここまでは，単に何かが存在するということを表明する方法を扱ってきた．しかし，ある個体の存在が他の個体に依存していることがある．例えば

　　　すべての人に母親がいる．

個体の母親を示すような関数 f を考える．

　　　$f(\text{TARO}) = \text{HANAKO}$

　　　$f(\text{JIRO}) = \text{KIKUKO}$

この関数は，すべての人は母親をもっているということを表し，次のように書ける．

　　　$\text{PERSON}(x) \text{ implies } \text{MOTHER}(f(x), x)$

変数xと置き換えられる名前をもつ個体が人間であれば，その人には $f(x)$ で表される母親がいることを示す．

1.8　エージェント技術

1.8.1　エージェント

エージェント（agent）は直訳すると代理人であるが，人工物の世界では知的な機械であったり，コンピュータの世界では，知的処理をするソフトウェアのように人間に代って何か処理をしてくれるものである．しかし，処理をするために人間が細かな指示をして行わせるのであれば，あまり意味がない．ある程度の目標を与えるだけで，自身で考え状況が変っても柔軟に適応し，目標を達成してくれるエージェントが存在すれば便利である．このような考え方を**自律性**（autonomously）といい，エージェントを位置付けるひとつの指標である．

近年，インターネットのあまりにも急速な発展はWebにおけるエージェントの必要性を導き，この研究の分野は知的エージェントとよばれる．Webに

存在する膨大な情報を利活用するためや，ユーザが欲しい情報を探すためにエージェントは重要な役割を担っている。

例えば，さまざまな要求をもつ旅行者に成り代って座席指定できる，飛行機やホテルの予約を行ってくれるWebサービス（web services）などが，急速に発展している。これは，まさしく旅行代理業者（travel agent）の仕事をWebで動くプログラムなどが代りに処理するという意味で，エージェントといえる。

また，遠くのスーパーマーケットまで自動車をもたない人の代りに買い物に行ってくれるロボットがいれば便利である。ロボットは買い物先が変っても，経路を自分で考え行き着くことができる。店に望む品物がない場合，自分で判断し別の品物を買うことができるが，優秀なロボットであれば，事前に確認をしておくかもしれない。このようなロボットにもエージェントの技術が利用されるであろう。

エージェントにはいくつかの解釈が存在するが，ここでは参考文献（１）「マルチエージェントシステムの基礎と応用―複雑系工学の計算パラダイム：大内，山本，川村著（コロナ社）」から引用させていただき，次のように定義する。「エージェントとは**環境**（environment）の状態を知覚し，行動を行うことによって，環境に対して影響を与えることができる自律的主体である」。

主体とは，人間やロボット，あるいはソフトウェアのように，それ自体で1個体をなすものを指す。自律的であるというのは，自身の経験とそれが働く環境に組み込まれた知識の，両方に基づいて行動できることを指す。そして，エージェントは環境の状態を知覚し，行動を起すことができる。さらに重要なのは，行動の結果，環境になんらかの影響を与えることができるということである。環境に影響を与えることができない場合はエージェントとよばない。以上のように，エージェントは自らの知覚と行動を介して，環境と相互作用する自律的な主体である。

相互作用するということは，環境をセンサによって知覚し，自身の意思決定によって行動を起こし，環境に影響を与え，その影響を受けた環境を再び知覚し，意思決定によって行動を起こす，ということを繰り返すことを意味する。

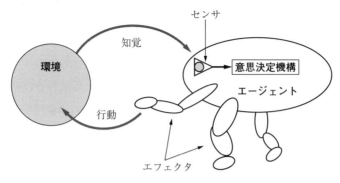

図 1.21 エージェントの概念

図 1.21 にエージェントの概念を示す。

図中の意思決定機構は，知覚情報を基に意思決定を行う情報処理系である。また，エフェクタは意思決定機構によって出力される情報による行動を実現させるものである。具体的には，移動するための脚や動作する腕，あるいは光を発したり音を出す仕組もエフェクタとして考えられる。ネットワークにおけるエージェントでは，データの送受信やハイパーリンクをたどるなどに必要なプロトコルなどが考えられる。

1.8.2 環　　境

エージェントは環境の状態を知覚するが，環境とはなんであろうか。われわれが住む実世界では，天候や道路の状態，室内ではドアの位置や置いてある物の状態など，さまざまなものが考えられる。しかし，扱う問題によっては環境を広くとらえる必要はない。例えば，Web のためのエージェントでは，Web の世界だけを環境としてとらえればよい。また，ゲームなどではゲームの設定された環境が対象となる。

ここでは，環境を以下のように定義する。

「環境とはエージェントの外部にあって，エージェントの意思によって変更できないものすべてを指す。」

エージェントは環境の情報を正確に知覚できなければならない。このこと

を，その環境はエージェントにとって**アクセス可能**（accessible）であると言い，そうでない場合は**アクセス不可能**（inaccessible）という．環境が複雑になるに従い，エージェントにとって環境がアクセス不可能になってくる．また，環境はエージェントの行動のみでしか変化しない場合，その環境を**静的**（static）であるとよぶ．エージェントの行動の結果によらず変化する環境を**動的**（dynamic）であるという．

ある環境の状態でエージェントが同じ行動をすると，それに応じた環境の変化が一意に定まる場合，その環境を**決定的**（deterministic）であるという．また，確率的に次の状態が定まるような場合は，その環境は非決定的（non-deterministic）という．

次に重要な考え方として**エピソード**（episode）の概念がある．エピソード的な環境とは，エージェントの経験がエピソードとよばれる単位に分割可能である場合をいう．エピソードとは，エージェントの知覚と行動の列からなり，試行（trial）と同様な意味で用いることもある．例えば，将棋や囲碁を対戦するエージェントでは，一局を1エピソードと考えることができる．このとき，エピソードの長さは勝敗が決まった時点までとなる．

一般にエージェントによる学習のプログラムでは，行動のステップ数の決められた値までをエピソードの長さとすることが多い．例えば，10 000 ステップを1エピソードとするなどと表現する．

エージェントの知覚と行動を明確に有限個に区別できるとき，その環境は**離散的**（descrete）であるとよび，区別できないとき，その環境は**連続的**（continuous）であるとよぶ．一般に，連続的な環境を扱うことは難しいので，離散的な環境に近似して扱っても問題がない場合が多い．

以上のように，エージェントには自律性や適応性の概念が含まれている．このような主体が数多く存在する系をマルチエージェントシステムといい，自律適応的なマルチエージェントシステムは，人工知能や知能ロボティクス以外にも経済や社会科学の分野で研究が進められている．人工知能やソフトウェア科学等の工学分野では，分散人工知能という概念により，複数の知的処理モ

ジュールが並列分散的に情報処理するシステムを構築している。ここでは，与えられた問題を部分的な問題に分割し，部分的な解を合成することにより，問題解決を図ってきた。

しかし，エージェント技術ではエージェントの振る舞いに着目し，解が導かれたときのエージェントの能力や機能，あるいは性質を議論するアプローチがとられている。よって，エージェントは最初から問題解決のために明示的に設計されるのではなく，個々の振る舞いから全体が構成されるというボトムアップ的なシステムの構成要素である。このような，全体を分解して全体を理解するトップダウン的なシステムと異なり，複雑なシステムを直接扱うような枠組として複雑系が近年注目されている。

エージェント技術は2章以降で述べるいくつかの手法において自律適応性を実現することが試みられており，探索問題やロボットの経路計画問題などに利用されている。近年では特にWebに関する多くのアプリケーションの実現のために利用されている。

1.9 演　　　習

【1.1】
8パズル問題では，タイルをスライドさせただけではゴール状態に到達できない場合がある。**図1.22**に示されているマス（タイル）の配置から，ゴール状態に到達可能かどうか考察しなさい。

1	2	3
4	5	6
8	7	

図1.22 考察するタイルの配置

【1.2】

　人工知能の分野で有名な「ハノイの塔」という問題がある。図 1.23 に示すように棒が 3 つあり，それぞれに，1, 2, 3 という番号がついている。棒 1 には 3 枚の円盤が積んであり，円盤は上に乗るものほど下のものより小さい。問題はこれらすべての円盤を棒 1 から棒 3 に移すことである。拘束条件は，小さい円盤の上にはそれより大きな円盤を乗せてはいけないということである。いちばん大きな円盤はつねに底にあることを考慮して，移動する手順を考えなさい。

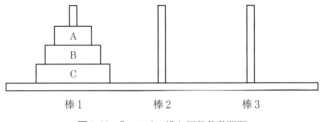

図 1.23　「ハノイの塔」円盤移動問題

【1.3】

　よく知られている「宣教師と人食い人種の問題」について考察しなさい。川の一方の岸に宣教師が 3 人，人食い人種が 3 人とボートが 1 艘ある（図 1.24）。宣教師たちはこのボートを使って全員を対岸に運びたい。しかしながら，次の問題がある。

図 1.24　宣教師と人食い人種の問題

1. ボートには2人しか乗れない。宣教師も人食い人種もともにボートは漕げる。したがって，ボートが運べるのは宣教師1人か，人食い人種1人か，宣教師2人か，人食い人種2人か，宣教師1人と人食い人種1人の組合せかになる。
2. 川岸のどちらかで人食い人種の数が宣教師の数より多くなると，人食い人種は宣教師を食べてしまう。

宣教師たちは仲間を犠牲にせずに一行全員を運びきるように，幾度かボートを往来させることを計画したい。人食い人種たちも，食事にありつけることよりも協力することをまず考えるとする。運ぶ手順を考えなさい。

<処理条件>

宣教師と人食い人種を乗せたボートが川の岸を行きつ戻りつする際に，次のことがらをわかっているものとする。
1. 何人の宣教師がそれぞれの岸にいるか。
2. 何人の人食い人種がそれぞれの岸にいるか。
3. ボートはどちらの岸にあるか。

何人の宣教師が人食い人種をすでに向こう岸に渡したか，何人をこれから渡すため残しているか，ボートはどこにあるか，誰がボートを漕ぐのか，などの状況を表さなくてはならない。

演習の解答例とフルカラーの表示結果

http://www.coronasha.co.jp/np/isbn/9784339024975/ 本書の書籍ページからダウンロードできる。コロナ社のtopページから書名検索でもアクセスできる。ダウンロードに必要なパスワードは「024975」。

複雑系入門

本章では，複雑系（complex systems）という 20 世紀後半に系統化された新しい科学分野について解説する。はじめに複雑系の考え方について触れ，次に複雑系を理解するためのキーワードである，カオス（chaos），フラクタル（fractal），セルオートマトン（cellular automaton）について解説する。

2.1 複雑系とは

複雑系とは，系の構成要素間の相互作用の結果として系全体では思いがけない複雑な様相が現れる系である。この考え方は，1980 年代後半に打ち出された自然科学の新しい分野である。自然現象は，そもそも複雑に絡み合った構成要素が，たがいに作用し合って現れるもので，起り得る現象を予測し，その予測を裏付ける基本的な法則を見つけ出すことは簡単ではない。これまでの自然科学には，「どんな自然現象でも根底には単純な動作原理があり，その動作を解明すればどんな自然現象も解明できる。」という要素還元主義（reductionism）の立場をとり，実際に成果を上げた分野がいくつもある。例えば，熱力学と気体の分子運動論の関係は，対象とする系の状態，すなわち，温度，圧力，体積の変化を系の構成要素である分子の運動に還元することができた。

しかしながら，いくら構成要素を細かく分解しても注目する現象を再現することが困難な対象が多いことも認識されていた。例えば，化学物質の反応系，生体の神経系や免疫系，生き物の集団が作る生態系，人間の集団が作る社会や経済の振る舞いといったものが挙げられる。これらの対象は，系の構成要素を

解析しても，全体の把握が困難であったため，要素還元主義の限界となっていた。20世紀後半になって，これら複雑な対象を理解するために，「複雑なものを細分化することなく，複雑なまま扱うことによって系全体の影響を理解する。」という認識が芽生え，その対象を複雑系というようになった。

2.2 カ オ ス

カオスとは，決定論に従う力学系の解が初期値に鋭敏に依存する予測不可能な振る舞いを示し，そのアトラクタとしての次元が非線形のフラクタル次元となる現象である。日本語では混沌や無秩序というような意味をもつが，最近では，科学・工学用語としても使われるようになった。カオス現象は，自然物，人工物を問わず非線形システム（nonlinear system）にごくごくあたりまえに生じ，風に揺れる木の葉，海岸の波の動きなど，日常生活でも観察できる。

カオスの定義
・決定論的なシステムに従いながら予測不能な振る舞いをして，遠い未来の状態が予測できない非周期振動。
・決定論システムとは，ランダム性をもたない不変の法則からなるシステム。
・カオスは，不変の法則に支配されるシステムにより，法則性のない予測不可能な非周期的振る舞いを引き起す。

カオス現象が現れる例として，「テント写像（1次元写像）」（式 (2.1)）がある。式 (2.1) は，第 $t+1$ 項 $X(t+1)$ の値が第 t 項 $X(t)$ の値によって決まる数列で，図 2.1 に示すように，グラフで表示すると三角屋根のテントに見えることからテント写像とよばれる。システムとして考えると，現在の値 $X(t)$ を入力として，次の値 $X(t+1)$ を出力するシステムである。

$$X(t+1) = \begin{cases} 2X(t) & (0.0 \leq X(t) \leq 0.5) \\ 2-2X(t) & (0.5 \leq X(t) \leq 1.0) \end{cases} \quad (2.1)$$

2. 複雑系入門

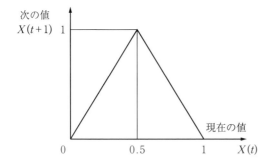

図 2.1 テント写像

【例 2.1】

以下に示すカオスシミュレーション（テント写像）（**図 2.2**）を Excel ワークシートに作成し，処理条件に従って空欄を埋め，結果をグラフに表示せよ。

	A	B	C	D	E
1		カオスシミュレーション(テント写像)			
2		X(0) = 0.123 456		X(0) = 0.123 457	
3	t	X(t)	X(t+1)	X(t)	X(t+1)
4	0	0.123456		0.123457	
5	1				
6	2				
7	3				
43	39				
44	40				

図 2.2 カオスシミュレーション（テント写像）

＜処理条件＞

1. 初期値を X(0) = 0.123 456，X(0) = 0.123 457 とし，式 (2.1) に従って X(1) を計算する。
2. t の値は 40 までとし，それぞれ X(40) まで計算する。
3. それぞれの初期値に対して，X(t) の「散布図」グラフを作成する。

【解説】

1. X(1) を計算するには，IF 関数を用いる。X(1) は，t=1 の行で使用するので，次行にコピーする（**図 2.3**）。
2. B ～ E 列までオートフィルを用いて空欄を埋める。

2.2 カオス

	A	B	C	D	E
1			カオスシミュレーション(テント写像)		
2			X(0) = 0.123 456		X(0) = 0.123 457
3	t	X(t)	X(t+1)	X(t)	X(t+1)
4	0	0.123456	=IF(B4<=0.5,2*B4,2-2*B4)	0.123457	=IF(D4<=0.5,2*D4,2-2*D4)
5	1	=C4		=E4	
6	2				
7	3				
43	39				
44	40				

図 2.3　テント写像の X(1) の計算

3. B4 〜 C44 までの範囲を選択し，[散布図] を挿入する (**図 2.4 (a)**)。同様に，D4 〜 E44 までの範囲を選択し，[散布図] を挿入する (図 (b))。

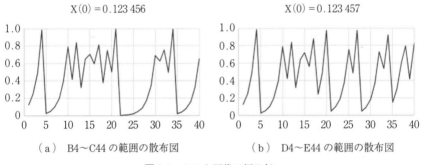

(a)　B4〜C44 の範囲の散布図　　　(b)　D4〜E44 の範囲の散布図

図 2.4　テント写像の振る舞い

4. 2 つのグラフから，始めの数点は似た振る舞いをするが，t = 20 の辺りから突如振る舞いに変化が見られる。カオスはこのように初期値に鋭敏に反応する特徴をもつ。よって非常に近い 2 つの初期値をもっていても，たがいに急に離れていく。

♠

カオスの特徴をまとめると
- 一見ランダムに見える複雑な振る舞いは，単純な式により与えられる。
- ランダムに見える複雑な振る舞いの中に，単純な規則性が埋め込まれている。

● 初期値に鋭敏に反応する。観測データからの将来の予測が不可能である。

となる。

2.3 フラクタル

フラクタルとは，1975年にブノワ・マンデルブロが命名した特殊な図形を表現するための概念である。このような図形は，フラクタル図形とよばれ，図のどの部分をとってみても自分に相似な部分から成り立つという自己相似性（self-similarity）が現れる。自然の中には全体と部分が似ているものがたくさん存在する。自然界の河川，海岸線，木，シダ類の葉の形などに見られ，幾何学的曲線のように完全な相似ではないが，ほぼ自己相似な形が保たれている（図2.5）。

フラクタルは基本的規則の繰り返しにより作成できるため，簡単に生成可能である。フラクタルがもつ部分と全体の性質から，不思議な雰囲気を醸し出すことからアートとしても利用される（図2.6）。

図2.5 自然の中のフラクタル

図2.6 フラクタルアート

マンデルブロが発見したフラクタル図形にマンデルブロ集合がある。簡単な複素数列（式(2.2)）を繰り返し計算することで，無限に複雑な図形が描け

2.3 フラクタル

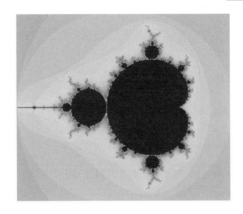

図2.7 マンデルブロ集合

る。一部を拡大すると全体と同じ模様になっている（図2.7）。

$$Z_{n+1} = Z_n^2 + C \tag{2.2}$$

【例2.2】

以下に示すフラクタルシミュレーション（コッホ曲線）（図2.8）をExcelワークシートに作成し，処理条件に従って空欄を埋め，結果をグラフに表示せよ。

	A	B	C	D	E
1	フラクタルシミュレーション(コッホ曲線)				
2	初期値X(0)	1.0			
3	初期値Y(0)	0.0			
4					
5	t	乱数	式の選択	X(t+1)	Y(t+1)
6	0				
7	1				
8	2				
9	3				
3005	2999				
3006	3000				

図2.8 フラクタルシミュレーション（コッホ曲線）

$$\begin{cases} X(t+1) = \dfrac{1}{2}X(t) + \dfrac{\sqrt{3}}{6}Y(t) \\ Y(t+1) = \dfrac{\sqrt{3}}{6}X(t) - \dfrac{1}{2}Y(t) \end{cases} \tag{2.3}$$

$$\begin{cases} X(t+1) = \dfrac{1}{2}X(t) - \dfrac{\sqrt{3}}{6}Y(t) + \dfrac{1}{2} \\ Y(t+1) = -\dfrac{\sqrt{3}}{6}X(t) - \dfrac{1}{2}Y(t) + \dfrac{\sqrt{3}}{6} \end{cases} \quad (2.4)$$

<処理条件>

1. 初期値を X(0)=1.0, Y(0)=0.0 とし, 式 (2.3) または式 (2.4) を 50 % の確率でランダムに選択して X(1), Y(1) を計算する.
2. t の値は 3000 までとし, X(3000), Y(3000) まで計算する.
3. X(t+1) と Y(t+1) の「散布図」グラフを作成する.

【解説】

1. X(1), Y(1) を計算する前に, RAND 関数を使用して乱数を発生させ, 乱数が 0.5 より小さいとき 1, 大きいときに 2 を表示する (図 2.9).

乱数	式の選択
=RAND()	=IF(B6<0.5,1,2)

図 2.9 乱数の発生と式の選択

2. X(1), Y(1) は, IF 関数を使用して図 2.10 のように計算する. ただし, t=1 の行では, C6 を C7, B2 を D6, B3 を E6 に置き換える. A〜E 列までオートフィルを用いて空欄を埋める.

X(t+1)
=IF(C6=1,0.5*B2+SQRT(3)/6*B3,0.5*B2-SQRT(3)/6*B3+0.5)

Y(t+1)
=IF(C6=1,SQRT(3)/6*B2-0.5*B3,-SQRT(3)/6*B2-0.5*B3+SQRT(3)/6)

図 2.10 X(1), Y(1) の計算

3. D6〜E3006 までの範囲を選択し, [散布図] を挿入する (図 2.11).

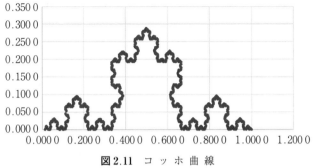

図2.11 コッホ曲線

2.4 セルオートマトン

セルオートマトンとは，セルは生物の細胞，オートマトンは自動機械を意味し，セルオートマトンとは細胞のように自分自身を自動的に作る機械のことである．セルオートマトンをコンピュータ内に構築することによって，増殖や細胞分裂などの生命現象，車の渋滞や地下街の人の流れなどの社会現象をボトムアップ的に表現できる．このようにセルオートマトンは，複雑系・人工生命研究の有効なツールとして考えられている．

セルオートマトンの基本原理を以下に説明する．1次元，または2次元空間内に同じ大きさのセルがマス目上に敷き詰められているとする．空間には離散的時間が存在し，ある時刻では各セルは数種類ある状態の1つをとる．時間が次時刻に進むと各セルの状態は，予め決められた状態遷移ルール（state transition rules）で1つ決まる．

状態遷移ルールは，注目するセルの状態とその近くのセルの状態だけから，次の時刻のセル状態を決定する局所的なルールである．注目するセルの近くを近傍（neighborhood）といい，近傍の範囲を近傍数という．セルの初期条件と状態遷移ルールにより，自然現象や方程式の解などさまざまなパターンが生じることが知られている．

セルの状態数をいくつ設定するかはさまざまであるが，0と1の2つとすると理解しやすい。セルの近傍数の設定は，**図 2.12**（a）1次元セルオートマトンでは，3近傍系，または5近傍系，図（b）2次元セルオートマトンでは，5近傍系，または9近傍系が一般的である。

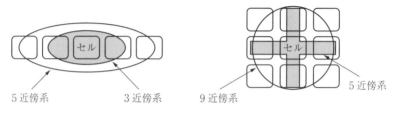

（a）1次元セルオートマトン　　　（b）2次元セルオートマトン

図 2.12　近　傍　数

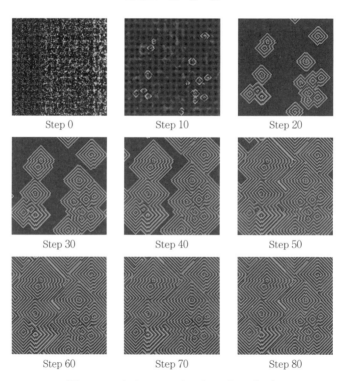

図 2.13　2次元セルオートマトン（巡回空間）

2.4 セルオートマトン

2次元セルオートマトンの例として**図2.13**に巡回空間を示す。この例で，空間は，上下左右がつながった2次元トーラスであるとする。セルの状態数は n 個 $(0, 1, \cdots, n-1)$ であり，近傍数は5近傍系とする。

状態遷移ルールは，ある時刻 t にあるセルの状態が k であったとき，5近傍系に状態 $k-1$ のものがあれば，時刻 $t+1$ には状態 $k-1$ のセルは状態 k になるものとする。ただし，あるセルの状態が0で隣接するセルの状態が $n-1$ の場合，次の時刻に $n-1$ の状態のセルは状態0になるものとする。

【例2.3】

以下に示すセルオートマトンシミュレーション（1次元）（**図2.14**）を Excel ワークシートに作成し，処理条件に従って空欄を埋め，結果をグラフに表示せよ。

	A	B	C	D	AX	AY
1	セルオートマトンシミュレーション（1次元）					
2						
3	状態数	4				
4	時刻t	セル1	セル2	セル3	セル49	セル50
5	0					
6	1					
7	2					
54	49					
55	50					

図2.14 セルオートマトンシミュレーション（1次元）

＜処理条件＞

1. 時刻0での初期値は，セル25を1，それ以外を0とする。状態数は，$(0, 1, 2, 3)$ の4とし，近傍数は3近傍系とする。
2. 状態遷移ルールは，時刻 t でのセル i の両隣セル値の和を時刻 $t+1$ でのセル i の値とする。ただし，セル1とセル50は隣り合っているものとする。
3. t の値は50までとし，状態遷移ルールに従って各セルの値を計算する。
4. 計算結果を選択し，「等高線」グラフを作成する。

【解説】

1. B5〜AY5に0を入力し,Z5に1を入力することに注意が必要である。
2. 状態遷移ルールは,MOD関数で計算する。時刻1でのセル2の値すなわちC6は,MOD(B5+D5,$B$3)とする。C6を選択し,AX6まで,オートフィルを用いて空欄を埋める。ただし,セル1の値(B6)はMOD(AY5+C5,$B$3)とし,セル50の値(AY6)は,MOD(AX5+B5,$B$3)とする。
3. B6〜AY6まで選択し,オートフィルを用いて空欄を埋める。
4. B5〜AY55まで選択し,[等高線]を挿入する(**図2.15**)。

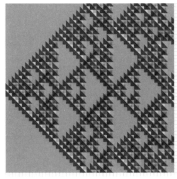

図2.15 1次元セルオートマトン

2.5 演 習

【2.1】

以下に示すカオスシミュレーション(ロジスティック写像)(**図2.16**)をExcelワークシートに作成し,処理条件に従って編集・操作せよ。なお,ロジスティック写像は,生物の個体数の変化を世代数と繁殖率でモデル化したもので,式(2.5)で示される。式中で,$X(t)$が世代ごとの個体数,aが繁殖率であ

	A	B	C	D	E
1	カオスシミュレーション（ロジスティック写像）				
2	定数a				
3	初期値X(0)	0.10000			
4					
5	X(0)	0.10000			
6	X(1)				
504	X(499)				
505	X(500)				

図 2.16　カオスシミュレーション（ロジスティック写像）

る。a の値が 3 以下の場合，$X(t)$ は単調に収束するが，a の値が 3 を超えると，$X(t)$ の収束値が 2 つ，4 つと倍加していく様子が現れ，a の値が 3.569 95 を超えると $X(t)$ の周期が無限大になる。a の値が 4 付近では，初期値 $X(0)$ のわずかな違いが，$X(t)$ の値に大きく影響するカオス現象が現れる。

$$X(t+1) = a \cdot X(t)(1-X(t)) \tag{2.5}$$

＜処理条件＞

1. 定数 a の値は，3.0，3.2，4.0 の 3 種類とする。初期値 X(0) は，0.10000 とする。
2. 定数 a の値それぞれに対し，X(t＋1) を式 (2.5) に従って計算する。
3. 計算結果を選択し，「散布図」グラフを作成する。
4. 作成したグラフから，X(t) の値が，どのように振る舞うかを考察せよ。

＜ヒント＞

X(t＋1) の計算は，B6 では $B$2*B5*(1−B5) のように計算する。X(t) の値がある一定の値に近づくことを「収束」といい，2 つ以上の値を繰り返すことを「周期振動」という。カオス現象は，どのようなときに現れるのだろうか。図 2.17 ～図 2.19 に作成した解答例を示す。

【2.2】

以下に示すカオスシミュレーション（周期倍加分岐）（**図 2.20**）を Excel ワークシートに作成し，処理条件に従って編集・操作せよ。

＜処理条件＞

1. 定数 a の値は，2.9000 ～ 4.0000 とし，0.0001 ずつ増加させる。

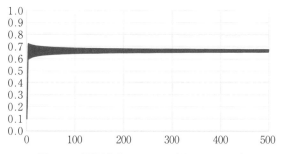

図 2.17 解答例（$a = 3.0$, $X(0) = 0.10000$）

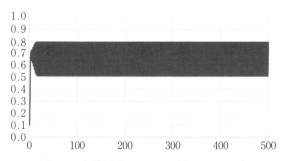

図 2.18 解答例（$a = 3.2$, $X(0) = 0.10000$）

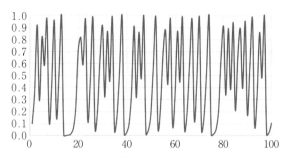

図 2.19 解答例（$a = 4.0$, $X(0) = 0.10000$）

2. X(t) の初期値は，0.1000 とする。
3. X(t+1) の値を式 (2.5) に従って計算し，空欄を埋める。
4. 計算結果を選択し，「散布図」グラフを作成する。
5. 作成したグラフから，X(t+1) の値が，どのように振る舞うかを考察せよ。

2.5 演習

	A	B	C	D
1	カオスシミュレーション（周期倍加分岐）			
2	定数a	2.9000〜4.0000		
3	初期値X0	0.1000		
4				
5	a	Xt+1		
6	2.9000	0.1000		
7	2.9001			
11004	3.9998			
11005	3.9999			
11006	4.0000			

図2.20　カオスシミュレーション（周期倍加分岐）

<ヒント>

X(t+1)の計算は，B7ではA7*B6*(1−B6)のように計算する．図2.21の解答例に示すように，a<3.08では，X(t)は1つの値に収束する．3.08<a<3.5ではX(t)は2つの値で周期振動する．3.5<a<3.57では周期が倍加していく．a=3.57付近からカオスが発生しはじめる．ただし，3.82<a<3.9の区間でカオスが発生しない．この領域を「カオスの窓」といい，おもしろい特徴のひとつである．

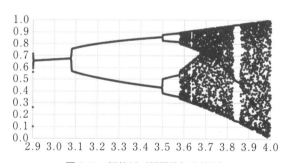

図2.21　解答例（周期倍加分岐図）

【2.3】

以下に示すフラクタルシミュレーション（シダの葉）（図2.22）をExcelワークシートに作成し，処理条件に従って編集・操作せよ．なお，シダの葉図形は，以下の式(2.6)〜式(2.9)の4つの式を決められた確率で選択することにより，描くことができる．

	A	B	C	D	E
1	フラクタルシミュレーション(シダの葉)				
2	初期値X(0)	1.0			
3	初期値Y(0)	0.0			
4					
5	t	乱数	式の選択	X(t+1)	Y(t+1)
6	0			1.0	0.0
7	1				
8	2				
9	3				
5005	4999				
5006	5000				

図 2.22　フラクタルシミュレーション（シダの葉）

$$\begin{cases} X(t+1) = 0.85X(t) + 0.04Y(t) \\ Y(t+1) = -0.04X(t) + 0.85Y(t) + 1.6 \end{cases} \quad (2.6)$$

$$\begin{cases} X(t+1) = 0.2X(t) - 2.6Y(t) \\ Y(t+1) = 0.23X(t) + 0.22Y(t) + 1.6 \end{cases} \quad (2.7)$$

$$\begin{cases} X(t+1) = -0.15X(t) + 0.28Y(t) \\ Y(t+1) = 0.26X(t) + 0.24Y(t) + 0.44 \end{cases} \quad (2.8)$$

$$\begin{cases} X(t+1) = 0.0 \\ Y(t+1) = 0.16Y(t) \end{cases} \quad (2.9)$$

＜処理条件＞

1. 初期値を X(0)＝1.0，Y(0)＝0.0 とし，式の選択確率は，式(2.6) を 85 ％，式(2.7) を 7 ％，式(2.8) を 7 ％，式(2.9) を 1 ％として，X(1)，Y(1) を計算する。
2. t の値は 5000 までとし，X(5000)，Y(5000) まで計算する。
3. X(t＋1) と Y(t＋1) の「散布図」グラフを作成する。
4. 作成したグラフの特徴を考察せよ。

＜ヒント＞

X(1)，Y(1) を計算する前に，RAND 関数を使用して乱数を発生させて B7 に表示する。乱数が 0.85 未満なら 1，0.92 未満なら 2，0.99 未満なら 3，それ以外ならば 4 と，IF 関数の入れ子を使用して C7 に表示する。X(1)，Y(1) も同

様に，IF関数の入れ子を使用して計算する。B～E列までオートフィルを用いて空欄を埋める。D6～E5006までの範囲を選択し，［散布図］を挿入する。

作成したグラフ（図 2.23）は，シダ植物の葉の様子に似ていることがわかる。数式で計算されたフラクタル図形の特徴である自己相似性が，自然界に存在する植物の葉の成長と似ていることを示すおもしろい特徴である。

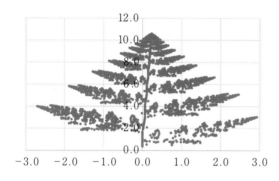

図 2.23　解答例（シダの葉図形）

【2.4】

以下に示すシェルピンスキーのカーペット（図 2.24）を作成する。この図形を描くには，正方形を縦横に3分割し，中央の正方形を取り除く。残りの8個の正方形について，縦横3分割し，中央の正方形を取り除くという操作を無限に繰り返すことで，描くことができる。シェルピンスキーが発見した2次元平面上のフラクタル図形である。

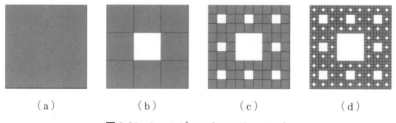

図 2.24　シェルピンスキーのカーペット

フラクタルシミュレーション（シェルピンスキーのカーペット）（図 2.25）をExcelワークシートに作成し，処理条件に従って編集・操作せよ。

60   2. 複雑系入門

	A	B	C	D	E	F	X	Y	Z	AA	AB
1	サイズ			27							
2	1/3			9							
3	2/3			18							
4		1	2	3	4	5	23	24	25	26	27
5	1	0	0	0	0	0	0	0	0	0	0
6	2	0	0	0	0	0	0	0	0	0	0
7	3	0	0	0	0	0	0	0	0	0	0
8	4	0	0	0	0	0	0	0	0	0	0
28	24	0	0	0	0	0	0	0	0	0	0
29	25	0	0	0	0	0	0	0	0	0	0
30	26	0	0	0	0	0	0	0	0	0	0
31	27	0	0	0	0	0	0	0	0	0	0

図 2.25　フラクタルシミュレーション
（シェルピンスキーのカーペット）

＜処理条件＞

1. B5 〜 AB31 まで 27×27 セルの初期値はすべて 0 とする。
2. A1 〜 AB31 までコピーし，A33 〜 AB63 にペーストする。
3. 27×27 セルを縦横ともに 3 分割し，中央の 9×9 セルの値を 1 にする。
4. A33 〜 AB63 までコピーし，A65 〜 AB95 にペーストする。
5. D65 〜 D67 の値をそれぞれ 1/3 にする。
6. 8 個の 9×9 のセルをそれぞれ縦横ともに 3 分割し，中央の 3×3 のセルの値を 1 にする。
7. A65 〜 AB95 までコピーし，A97 〜 AB127 までペーストする。
8. D97 〜 99 までの値をそれぞれ 1/3 にする。
9. 64 個の 3×3 のセルをそれぞれ縦横ともに 3 分割し，中央のセルの値を 1 にする。
10. A97 〜 AB127 を選択し，「等高線」グラフを作成する。
11. 作成したグラフの特徴を考察せよ。
12. 27×27 セルの値をステップごとに関数を用いて計算せよ。

＜ヒント＞

初期状態から処理条件に従って，値を入力することを繰り返すだけなので，入力ミスに気をつけて操作するとよい。図 2.26 に解答例を示す。なお，簡略化のため，グラフタイトル，軸ラベル等は省略してある。

セルの値を計算で求めるには，D1 〜 D3 にある「サイズ」，「1/3」，「2/3」

2.5 演習

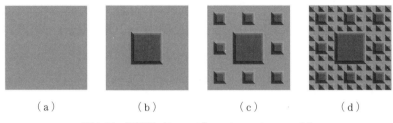

　　(a)　　　　　(b)　　　　　(c)　　　　　(d)

図2.26　解答例（シェルピンスキーのカーペット）

の値とB4～AB4，A5～A31にあるインデックスを用いるとよい．インデックスの値と「サイズ」の値からMOD関数を用いて剰余を求め，IF関数を用いて縦横ともに「1/3」を超え，「2/3」以下の範囲のセルの値を1とする計算を行う．セルが細分化されるにつれ，「サイズ」等の値も小さくなるように入力しているので，関数の適用セルに注意してコピー＆ペーストするとよい．

【2.5】

以下に示すセルオートマトンシミュレーション（2次元）（図2.27）をExcelワークシートに作成し，処理条件に従って編集・操作せよ．

図2.27　セルオートマトンシミュレーション（2次元）

62   2. 複雑系入門

<処理条件>
1. 15×15 セルに図 2.27 のように初期値を入力し，時刻 0 とする．
2. 状態数は（0, 1）の 2 とし，近傍数は 5 近傍系とする．
3. 状態遷移ルールは，時刻 t でのセル i の上下左右の 4 つのセルの和が偶数なら 0，奇数なら 1 とする．ただし，1 列目と 15 列目のセルは隣り合っているとし，1 行目と 15 行目のセルも隣り合っているものとする．

	1	2	3	4	5	6	7	8	9	10	11	12	13	14	15	
1	0	0	0	0	0	0	0	0	0	0	0	0	0	0	0	時刻0
2	0	0	0	0	0	0	0	0	0	0	0	0	0	0	0	
3	0	0	0	0	0	0	0	0	0	0	0	0	0	0	0	
4	0	0	0	0	0	0	0	0	0	0	0	0	0	0	0	
5	0	0	0	0	0	0	0	0	0	0	0	0	0	0	0	
6	0	0	0	0	0	0	0	0	0	0	0	0	0	0	0	
7	0	0	0	0	0	0	0	1	0	0	0	0	0	0	0	
8	0	0	0	0	0	0	0	0	1	0	0	0	0	0	0	
9	0	0	0	0	0	0	1	1	1	0	0	0	0	0	0	
10	0	0	0	0	0	0	0	0	0	0	0	0	0	0	0	
11	0	0	0	0	0	0	0	0	0	0	0	0	0	0	0	
12	0	0	0	0	0	0	0	0	0	0	0	0	0	0	0	
13	0	0	0	0	0	0	0	0	0	0	0	0	0	0	0	
14	0	0	0	0	0	0	0	0	0	0	0	0	0	0	0	
15	0	0	0	0	0	0	0	0	0	0	0	0	0	0	0	

	1	2	3	4	5	6	7	8	9	10	11	12	13	14	15	
1	0	0	0	0	0	0	0	0	0	0	0	0	0	0	0	時刻1
2	0	0	0	0	0	0	0	0	0	0	0	0	0	0	0	
3	0	0	0	0	0	0	0	0	0	0	0	0	0	0	0	
4	0	0	0	0	0	0	0	0	0	0	0	0	0	0	0	
5	0	0	0	0	0	0	0	0	0	0	0	0	0	0	0	
6	0	0	0	0	0	0	0	1	0	0	0	0	0	0	0	
7	0	0	0	0	0	0	1	0	0	0	0	0	0	0	0	
8	0	0	0	0	0	0	0	1	1	1	1	0	0	0	0	
9	0	0	0	0	0	1	1	0	0	1	0	0	0	0	0	
10	0	0	0	0	0	0	1	1	0	0	0	0	0	0	0	
11	0	0	0	0	0	0	0	0	0	0	0	0	0	0	0	
12	0	0	0	0	0	0	0	0	0	0	0	0	0	0	0	
13	0	0	0	0	0	0	0	0	0	0	0	0	0	0	0	
14	0	0	0	0	0	0	0	0	0	0	0	0	0	0	0	
15	0	0	0	0	0	0	0	0	0	0	0	0	0	0	0	

図 2.28　セルのコピーと計算結果

4. tの値は4までとし，A3〜P18までのセルをA20〜P35までコピー（**図2.28**）したのちに，状態遷移ルールに従って各セルの値を計算する。以下，時刻4まで繰り返す。
5. 時刻tでの計算結果を選択し，「等高線」グラフを作成する。
6. 作成した5つのグラフの特徴を考察せよ。

<ヒント>

状態遷移ルールの計算は，MOD関数を使用する。C22の計算は，MOD(C4 + B5 + D5 + C6, 2) とするとよい。1行目のような端のセルでは，MOD関数の引数を適切に書き換えて計算すること。ちなみに，この演習では，1行目，15行目および，1列目，15列目を0としても計算結果に影響はない。時刻0から時刻4までのグラフを並べると，状態1の領域が成長していって初期状態の領域が，複数箇所現れる様子が見える。細胞が成長して細胞分裂をしたかのような自己複製能力が見られるおもしろい特徴である。**図2.29**に解答例を示す。なお，グラフタイトル，軸ラベル等は，省略してある。

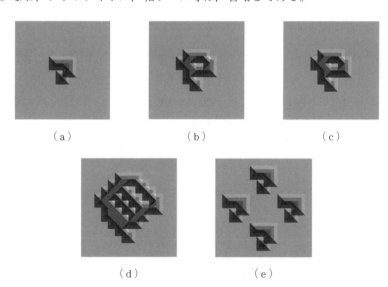

図2.29 解答例（2次元セルオートマトン）

ニューラルネット入門

　本章では，知能情報システムの代表的な例として，知能情報の分野に学習と最適化という新しい風を吹き込んだニューラルネットについて述べる．人間の神経細胞であるニューロンの基本構造を述べた後，ニューロンの数学モデルを作成し，学習アルゴリズムを Excel や Java で実現する方法について学ぶ．

3.1　ニューロンの基本構造

　ニューロン（neuron）とは脳にある神経細胞のことで，生体の細胞の中で情報処理用に特別な分化を遂げた細胞である．人間の脳の中には数百億個のニューロンがあるといわれる．脳を生理学的に調べると，小さなニューロンが網の目のようにつながり，ネットワークを形成していることがわかる．各ニューロンは他の多数のニューロンから信号を受け取り，それを総合して次のニューロンに信号を伝え情報を処理する．

　ニューロンは，細胞体，樹状突起，軸索，シナプスの4つの部分からなる．図 3.1 にニューロンの構造の模式図を示す．

　ニューロンは入出力をもった情報処理素子と考えることができ，細胞体は核

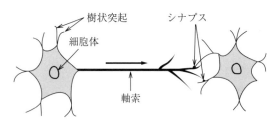

図 3.1　ニューロンの構造の模式図

などが含まれるニューロンの本体部分，樹状突起は細胞体から出る多数の枝のような部分で，これらはニューロンの入力，軸索は細胞体から伸びニューロンの出力に当たる部分である。

ニューロンの出力は他のニューロンの入力部分につながり，複雑に結合したニューラルネット（神経回路網）を構成する。すなわち，出力の軸索は途中で何本にも枝分かれして，多数の他のニューロンの樹状突起につながる。この結合部を**シナプス**（synapse）とよび，ニューロンどうしをつなぎ情報を伝達する役割をする。

ここでは1つのニューロンの働きを説明する（**図3.2**）。ニューロン内部の電位を膜電位といい，樹状突起へ入るニューロンの入力信号により膜電位が上昇する。この膜電位があるしきい値を超えるとニューロンは興奮してパルス（電気信号）を出す。このことを「発火する」という。このパルスが出力信号となって軸索を伝わっていく。

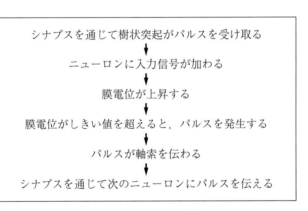

図3.2　ニューロンの働き

パルスが他のニューロンとの結合点のシナプスに達すると，軸索の末端から伝達物質が放出される。この物質が受け手のニューロンの樹状突起に作用して，そのニューロンの膜電位を変化させる。伝達物質には，膜電位を高める働きをするもの（興奮性）と，低める働きをするもの（抑制性）とがある。このように，ニューロンからニューロンへ信号が伝達されていく。

3.2 ニューロンのモデル化

3.1節で述べたニューロンの機能をコンピュータ上で実現するために，ニューロンを単純化したモデルを作る。まず入力が2個の場合のニューロンモデルを**図3.3**に示す。図において，x_1, x_2は入力，yは出力，w_1, w_2は**重み係数**，hは**しきい値**を示す。

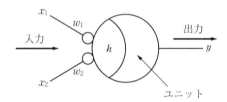

図3.3 2入力ニューロンモデル

実際のニューロンと比べると，シナプスは重み係数，細胞体はユニットに対応する。重み係数とは結合の強さを表す量で，膜電位が入力の影響を受ける度合いを表す。シナプスは異なる伝達効率をもつので，重み係数は任意の実数値とする。興奮性のシナプス結合に対して重み係数は正，抑制性の結合に対して重み係数は負となる。

ユニットでは「しきい値演算」をする。すなわち，入力信号の強さに重み係数を掛けたものをすべての入力について足し合わせる。つまり入力の重み付き総和を計算する。その総和がしきい値を超えたかどうかを判定し，それに応じて出力を出す。

ニューロンモデルを一般化して数式で表す。n個のニューロンから入力信号を受け取るニューロンを考え，これらの入力信号の強さを$x_1, x_2, \cdots, x_n$とする。それぞれの入力に対して重み係数があるので，重み係数もn個あり，$w_1, w_2, \cdots, w_n$とする。出力はy，しきい値はhとする（**図3.4**）。

ここで，第i番目の入力をx_i，第i番目の入力の重み係数をw_iとする。入力信号により膜電位が上昇するのは，入力の強さに重み係数を掛けてすべての入力について足す操作になるので，膜電位の上昇量は次式のような総和Sで

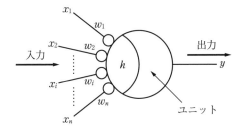

図 3.4　n 入力ニューロンモデル

表される。

$$S = \sum_{i=1}^{n} w_i x_i \tag{3.1}$$

この総和がある値（しきい値）よりも大きいとき出力1を出し，総和Sがしきい値hより小さいとき出力0を出すためには，ニューロンの出力は次の式で表される。

$$y = f(S - h) \tag{3.2}$$

$y = f(x)$ は一般に出力関数といわれるが，$f(x)$ をグラフで表すと**図 3.5** のようになる。この関数を**ステップ関数**（階段関数）という。ステップ関数は図のような階段状の形をした関数で，入力が0以上の場合は1を出力し，入力が0未満の場合は0を出力する。ニューロンがしきい値を超えて出力1を出したとき，ニューロンが興奮して「発火した」と表現することもある。

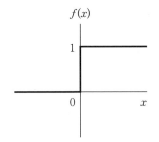

図 3.5　ニューロン入出力関数（ステップ関数）

このモデルはニューロンのモデルとして基本的かつ古典的なモデルであり，1943年にマッカロッカとピッツにより発表されたモデルであり，3.4節でも述べるがパーセプトロンとよばれる学習法に使われる。このモデルは，ニューロ

ンの出力が0か1のみをとる最も単純なモデルである。そのほかにもニューロンモデルはいくつか提案されていて、出力関数に階段関数の代りにシグモイド関数（図3.6）などを用いるものがある。

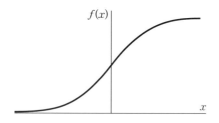

図3.6　ニューロン入出力関数
（シグモイド関数）

1つのニューロンのモデル化はできたが、より複雑な計算をするためにはニューロンを多数組み合わせることが必要である。あるニューロンの出力を次のニューロンの入力にしてニューロンどうしを接続し、そのニューロンの出力をさらに次のニューロンの入力というように、次々と接続していく。ニューロンモデルを何個か結合させてネットワーク状にすることによって、高度な処理ができるようになる。それが**ニューラルネット**（neural net）である。

ニューラルネットとは、今まで見てきたニューロンのモデルをたがいに多数結合させて接続し、ネットワーク状にしたものである。これまでのコンピュータでは難しい高度な処理をなんとか簡単に処理できないかという希望から、脳の情報処理方式を取り入れたニューラルネットを使った処理方法が考案された。

まだ、人間の脳の中で行われている処理は正確にはわかっていない。そこで、これまでにわかっている脳の生理学実験等の結果データをもとにして、脳で行われていると思われる処理をモデル化し、そのモデルをコンピュータでシミュレーションする。そしてその結果を実際の脳の働きと比較しながらモデルの有用性を検討し、新しい情報処理の方法を創造する。

ニューラルネットの結合の強さ（重み係数）は、学習により変化させることができる。各ニューロンは並列に動作することができる。人間の脳の中には約140億個のニューロンがあるといわれているが、ニューロンがすべて相互に結

合しているわけではない．1個のニューロンの結合はたかだか1万程度である．また，脳における機能の局在に対応したモジュール構造になっていたり，下位のニューロン層から上位の層に信号が伝播していく階層構造になっていたりする．

したがって1つのニューロン素子の働きはごく単純なものであるが，その素子が多数結合して高度な処理をすることができる．

3.3 ニューロンによる論理関数の実現

まず**論理関数**について復習する．論理関数はブール関数とよばれることもある．変数が取り得る値は $(0, 1)$ のみで，論理関数は **AND**（・），**OR**（+），**NOT**（ ̄）の3種類しかない．変数の0のことを偽 (false)，1のことを真 (true) ということもある．その場合，AND を「かつ」，OR を「または」，NOT を「否定」という．

真理値表は，変数が取り得るすべての値と論理関数の出力の関係を表したものである．変数が少ない場合，真理値表は簡単であるが，変数の数が増えると大変になり，変数の数を N とすると 2^N 行必要になる．

表3.1 に，x1 と x2 を入力とする2入力 AND 関数の真理値表を示す．真理値表は，入力 x1 と x2 のすべての組合せに対して出力（x1 AND x2）を計算する．この AND 関数は x1 と x2 がともに1のときのみ1，他は0を出力する関数である．

同様に，**表3.2** に，x1 と x2 を入力とする2入力 OR 関数の真理値表を示す．この OR 関数は x1 と x2 のどちらか1のときに1，他は0を出力する関数であ

表3.1　AND 関数の真理値表

x1	x2	x1 AND x2
1	1	1
1	0	0
0	1	0
0	0	0

表3.2　OR 関数の真理値表

x1	x2	x1 OR x2
1	1	1
1	0	1
0	1	1
0	0	0

る。0を出力するのはx1=0かつx2=0のときのみである。

また，表3.3に，x1を入力とする1入力NOT関数の真理値表を示す。このNOT関数はx1が1のときは出力0，x1が0のときは1を出力する関数である。

表3.3 NOT関数の真理値表

x1	NOT x1
1	0
0	1

ここでニューロンの数学モデルを復習する。x_iを入力，w_iを重み係数，hをしきい値とすると，ニューロンが他からの入力によりどれだけ活性化されたかを表す量である**活性値**uは，次式で定義される。

$$u = \sum_{i=1}^{n} x_i w_i - h \tag{3.3}$$

このときニューロンの入力と出力の関係は，次式で表される。

$$y = \begin{cases} 1 & if \quad u \geq 0 \\ 0 & if \quad u < 0 \end{cases} \tag{3.4}$$

この式は活性値uが正，すなわち入力x_iと重み係数w_iの積和がしきい値より大きいと，出力$y=1$となる。一方，活性値uが負すなわち入力x_iと重み係数w_iの積和がしきい値より小さいと，出力$y=0$となる。

さて上記で述べた論理関数であるAND関数，OR関数，NOT関数をニューロンモデルにより実現すると，図3.7のようになる。このように重み係数w_iとしきい値hを関数ごとに適切な値に設定すると，ニューロンによる論理関数が実現できる。

ここではAND関数のニューロ表現をより詳しく見ていく。図3.8にAND関数のニューロ表現を示す。

【例3.1】

図3.8のニューロ表現を参考にして，2入力1出力AND関数をExcelで作成し真理値表を求めよ。

図3.9にExcelでAND関数を実現した例を示す。

3.3 ニューロンによる論理関数の実現

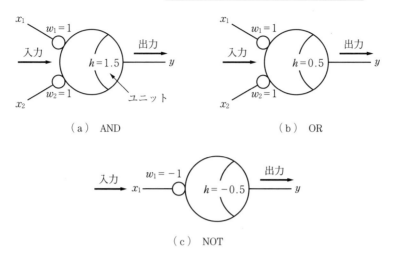

(a) AND (b) OR

(c) NOT

図 3.7 ニューロンによる論理関数の実現（文献 4）より引用）

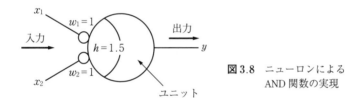

図 3.8 ニューロンによる AND 関数の実現

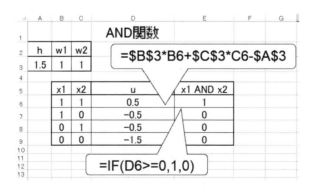

図 3.9 Excel による AND 関数の実現

<処理条件>
1. 図 3.7 から AND 関数を実現するしきい値 $h = 1.5$ は A3，重み係数 $w_1 = 1$，$w_2 = 1$ は B3，C3 に入れる。
2. x_1 と x_2 は B 列と C 列，活性値 u は D 列，出力 $y = x_1$ AND x_2 は E 列とする。

【解説】
1. 入力 x1，x2 の第 1 セルは B6 と C6，重み係数 w1 と w2 は B3，C3，しきい値 h は A3 なので，活性値 u は「D6 = B3*B6 + C3*C6 − A3 = 0.5」となる。
2. D7 ～ D9 までコピーするために，重み係数としきい値は絶対参照，入力は相対参照とする。すなわち，活性値 u は「D6 = $B$3*B6 + $C$3*C6 − $A$3」となる。
3. 出力 E6 も同様で活性値（D6）の符号により出力が決まるので，セル E6 には IF 関数を用い「E6 = IF (D6 >= 0, 1, 0)」とする。　　　♠

Excel は，数式を入れるとすぐに計算が行われ計算結果が表示される。入れた数式を見たいときは，リボンの［数式］→［数式の表示］をクリックすると，各セルの数式表現が表示される。

図 3.10 は，図 3.9 の Excel による AND 関数を数式表現したものである。相対参照したセルは，コピーすることによりそのセルに合ったセル番地に変更さ

図 3.10　Excel による AND 関数の数式表現

3.3 ニューロンによる論理関数の実現

れることがわかる。

次に，**XOR関数**をニューロンで実現するために，まず XOR 関数の真理値表を見てみる。**表 3.4** に XOR 関数の真理値表を示す。

表から XOR 関数は x1 と x2 のどちらか片方のみ 1 のときに 1，ともに 1 のときと，ともに 0 のときは 0 を出力する関数である。OR 関数とは x1 と x2 がともに 1 のときのみ異なる（OR 関数は 1 で XOR 関数は 0 である）。

XOR 関数は，**NAND 関数**と OR 関数の出力を AND することにより求めることができる。ここで，NAND 関数は NOT 関数と AND を組み合わせた関数で，**表 3.5** の真理値表で求まる。すなわち，AND の出力を NOT で反転している。

表 3.4 XOR 関数の真理値表

x1	x2	x1 XOR x2
1	1	0
1	0	1
0	1	1
0	0	0

表 3.5 NAND 関数の真理値表

x1	x2	x1 AND x2	y1 = x1 NAND x2
1	1	1	0
1	0	0	1
0	1	0	1
0	0	0	1

表 3.6 に，NAND 関数，OR 関数，AND 関数を組み合わせて XOR 関数を求めるときの真理値表を示す。

表 3.6 XOR 関数 =（NAND 関数）AND（OR 関数）の真理値表

x1	x2	y1	y2	x1 XOR x2 = y1 AND y2
1	1	0	1	0
1	0	1	1	1
0	1	1	1	1
0	0	1	0	0

次に，NAND 関数，OR 関数，AND 関数のニューロ表現から XOR 関数を求める。**図 3.11** は，3 個のニューロンの組合せで XOR 関数を表現した例である。

次に，図 3.11 から NAND 関数，OR 関数，AND 関数を Excel 表現に変換し，ニューロ表現から XOR 関数の Excel 表現を求める。図 3.11 より

$$\text{XOR 関数} = (\text{NAND 関数}) \text{ AND } (\text{OR 関数}) \tag{3.5}$$

であるので，NAND 関数，OR 関数，AND 関数の Excel 表現を組み合わせて

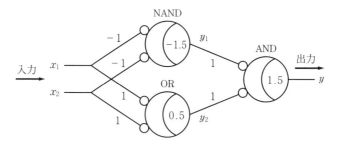

図 3.11　3 個のニューロンによる XOR 関数の実現

XOR 関数を実現することを考える。

（Step 1）として，NAND，OR，AND を実現するニューロンのしきい値と重み係数を設定する。次に，2 入力の 4 パターンを用意する（図 3.12）。

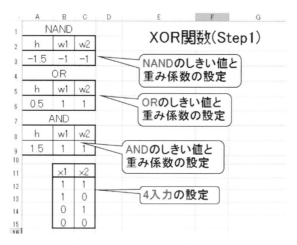

図 3.12　（Step 1）XOR 関数の実現

（Step 2）として，Excel により NAND 関数を実現する。NAND のしきい値と重み係数の 2 入力を用いて，セル D12 で活性値を計算する。他の入力に適用するために，セル D12 を D13 〜 D15 にコピーする。出力値 E12 は IF 関数により活性値セル D12 の符号により 0 か 1 を求め，セル E12 を E13 〜 E15 にコピーする。（図 3.13）。

（Step 3）として，Excel により OR 関数を実現する。OR のしきい値と重み

3.3 ニューロンによる論理関数の実現　　75

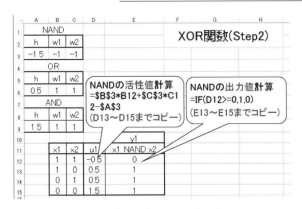

図 3.13　(Step 2) XOR 関数の実現

係数の 2 入力を用いて，セル F12 で活性値を計算する．他の入力に適用するために，セル F12 を F13 〜 F15 にコピーする．出力値 G12 は IF 関数により活性値セル F12 の符号により 0 か 1 を求め，セル G12 を G13 〜 G15 にコピーする（**図 3.14**）．

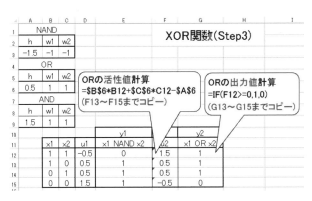

図 3.14　(Step 3) XOR 関数の実現

(Step 4) として，最後に AND 関数を用いて XOR 関数を実現する．AND のしきい値と重み係数と NAND 出力（E 列）と OR 出力（G 列）を用いて，セル H12 で活性値を計算する．他の入力に適用するために，セル H12 を H13 〜 H15 にコピーする．出力値 I12 は IF 関数により活性値セル H12 の符号により 0 か 1 を求め，セル I12 を I13 〜 I15 にコピーする（**図 3.15**）．

76 3. ニューラルネット入門

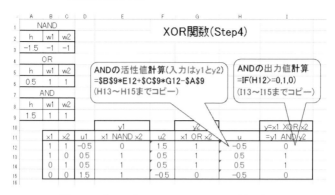

図 3.15 (Step 4) Excel による XOR 関数の実現

3.4 パーセプトロンによる AND 関数の学習

ニューラルネットの最も単純なモデルとして**パーセプトロン**（prerceptron）というモデルがある。パーセプトロンは**図 3.16** のように 2 層構造になっている。1 番目の層は入力層といい，n 個のニューロン素子からなる。ここには 0 または 1 の n 個のパターンが入力される。2 番目の層は出力層といい，ここでは 1 個のニューロン素子からなっている。各層のニューロン素子は，いずれも 1 または 0 の出力をするマッカロッカ・ピッツのモデルの素子である。

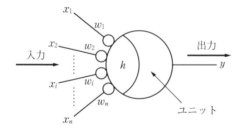

図 3.16 パーセプトロンモデル

パーセプトロンはパターン認識を行うことができる。例えば，あるパターン図形を入力し，それが○のクラスに属するか，△のクラスに属するかを分類することができる。パーセプトロンは最初は判別できないが，さまざまなパターンの正解と誤りを教えてもらい，修正を繰り返し正しく出力するように学

習する。パーセプトロンでは，○のクラスのパターンは出力1，△のクラスのパターンは出力0を出すように，重み係数を定めたい。

はじめは，各層の重み係数およびしきい値は乱数でランダムに決める。したがって出力はでたらめである。正しい出力が出るように重み係数を変えていくことが，パーセプトロンの学習である。

重み係数の変更のしかたを説明する。1つの入力パターンをネットワークに入力して出力層の出力をみる。出力層の出力が期待する出力と同じならば，重み係数の変更はしない。出力層が期待する出力をしないときは誤りであるので，いずれかの重み係数の変更を行う。そしてこの手順を繰り返す（**図 3.17**）。

図 3.17 パーセプトロンの学習手順

もし△のクラスであるのに1が出力される場合は，出力が大きすぎるので入力層から出力層への重み係数を少し小さく，またはしきい値を大きくして1を出力しにくくする。逆に○のクラスであるのに0が出力される場合は，入力層から出力層への重み係数を大きく，またはしきい値を小さくして1を出力しやすくする。

このような処理をさまざまなパターンを与えて繰り返すと，やがて正しい出力が出るように学習される。そして学習を繰り返し正しい識別ができるようになる。

希望の出力と実際の出力を比べ重み係数を変化させるが，希望の出力がなんであるかという情報は外から教える。つまりこのネットワークは教師が必要なので，**教師付き学習**のニューラルネットであるといえる。

パーセプトロンによる AND 学習の概念図を図 3.18 に示す。図において 4 パターンを次々と入力し繰り返す。そのときの**重み係数としきい値**の値を使って活性値を計算し，その符号により出力を計算する。出力が望ましい値（**教師信号**，teacher signal）と一致すれば，重み係数としきい値は変更しない。一致しなければ，現在の重み係数としきい値が不適切なので修正する。これを誤差のフィードバックという。

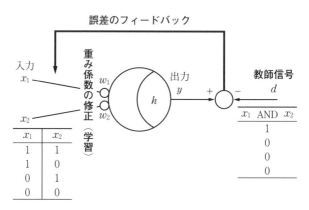

図 3.18 パーセプトロンによる AND 学習の概念図

重み係数としきい値の修正式は以下のように，「出力－教師信号」の値により次の 3 通りに分かれる。

$$y^{(p)} - d^{(p)} \begin{cases} <0 & (=-1) & y^{(p)}を増加させる必要がある。\\ =0 & & 望み通りの出力。\\ >0 & (=1) & y^{(p)}を減少させる必要がある。\end{cases} \quad (3.6)$$

したがって，重み係数としきい値の修正式は以下のようになる。

$$\begin{aligned} w_i &= w_i - \alpha\,(y^{(p)} - d^{(p)})\,x_i^{(p)} \\ h &= h + \alpha\,(y^{(p)} - d^{(p)}) \end{aligned} \quad (3.7)$$

ここでは $\alpha(>0)$ は学習係数とよばれ，学習の収束速度を調節する。以下に擬似言語（プログラム言語ではないが言語に近い表現）によるパーセプトロン学習アルゴリズムを示す（**図 3.19**）。AND 課題は，0 出力と 1 出力が直線で分離できる**線形分離可能課題**（linearly separable problem）なので，有限の回数で

```
wi(i=1,…,n)とhを初期化
Do {
    ある入力 (x1,…,xn) を生成
    u=0
    for i=1 to n { u=u+wixi   };
    u=u-h                                    ただしuは活性値
    y=S(u);                                  ただしsはステップ関数
    for i=1 to n { wi=wi -α(y-d)xi   };
    h=h+α(y-d)                               ただしdは教師信号
until すべての入力に対して望みの結果を出力する
```

図 3.19 擬似言語によるパーセプトロン学習アルゴリズム

パーセプトロン学習を終えることができる。すなわち AND 課題を実現するパーセプトロンを作ることができる。

線形分離可能課題とは，正解パターンが不答パターンと直線または平面で分離できる課題をいう。2 入力 AND 課題の場合，入力 x_1 と x_2 をそれぞれ x 軸と y 軸として出力 1 を黒丸，出力 0 を白丸とすると**図 3.20**のようになる。図において出力 1 の点と出力 0 を直線で分離できる。これを線形分離といい，パーセプトロンアルゴリズムが収束する条件になる。

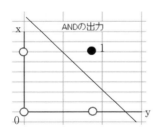

図 3.20 AND の線形分離

次に，パーセプトロン学習の際に生じる誤差として次の 2 種類を考える。パターンの出力を $y^{(p)}$，望ましい出力である教師信号を $d^{(p)}$ とすると，誤差は出力誤差 $E^{(p)}$ と活性誤差 $EU^{(p)}$ に分類される。

$$E = \sum_p E^{(p)} = \sum_p | y^{(p)} - d^{(p)} | \tag{3.8}$$

$$EU = \sum_p EU^{(p)} = \sum_p |(y^{(p)} - d^{(p)})u^{(p)}| \tag{3.9}$$

ここで，$u^{(p)}$ は活性値で $= \sum_{i=1}^n w_i x_i^{(p)} - h$ で計算される．

【例 3.2】

図 3.20 を参照して，パーセプトロンにより 2 入力 1 出力 AND 関数を学習する Excel ワークシート（図 3.21）を作成せよ．ただし，重みの初期値は，h = 0.352，w1 = -0.644，w2 = -0.508 とせよ．

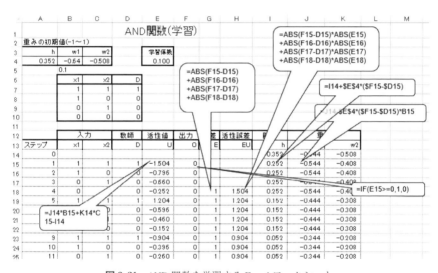

図 3.21 AND 関数を学習する Excel ワークシート

<処理条件>

1. ステップ数は A 列に記入し 0 ～ 200 ステップとする．
2. 表の列方向は，入力 x1，x2 は B，C 列，教師信号 D は D 列，活性値 U と出力 O は E 列と F 列，誤差 E と活性誤差 EU は G 列と H 列，しきい値 h と重み係数 w1，w2 は I 列と J，K 列とする．
3. ステップ 1，すなわち入力第 1 パターンに対する式を挿入した後，その行をステップ 2 ～ 200 にコピーすること．

3.4 パーセプトロンによる AND 関数の学習

【解説】

1. 入力 x1 と x2 のセルは B 列と C 列，教師信号は D 列，しきい値は I 列，重み係数 w1 と w2 は J 列と K 列である．しきい値と重み係数の初期値は I14 ～ K14 にセットする（図 3.22）．

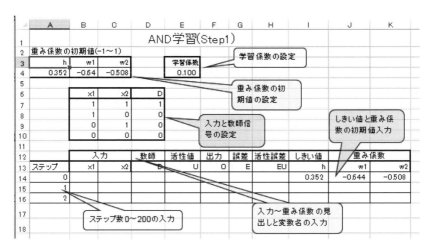

図 3.22　Excel AND 学習（入力のセル）

2. ステップ 1 の活性値 E15 はステップ 0 のしきい値・重み係数とステップ 1 の入力を用いて，= J14*B15 + K14*C15 − I14 となる．出力 F15 は活性値 E15 の符号により決まるので，= IF(E15 >= 0, 1, 0) となる（図 3.23）．

3. 次にステップ 1 のしきい値 I15 は，ステップ 0 のしきい値とステップ 1 の入出力と教師を用い，= I14 + $E$4*($F15 − $D15) となる．ステップ 1 の重み係数 J15 はステップ 0 の重み係数とステップ 1 の入出力と教師を用いて，= J14 − $E$4*($F15 − $D15)*B15 となり，K15 に複写する．ここで学習係数「E4」は変化させたくないので，セル番地に「$」を付ける（図 3.24）．

4. ステップ 1 の活性値，出力値としきい値・重み係数の学習式は，ステップ 2 ～ 200 にコピーする（図 3.25）．

5. 出力誤差と活性誤差ともに 4 ステップの合計計算をし，ステップ 4 の誤

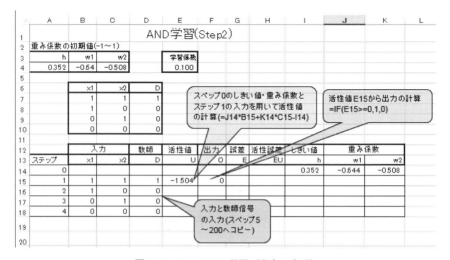

図 3.23　Excel AND 学習（出力の表示）

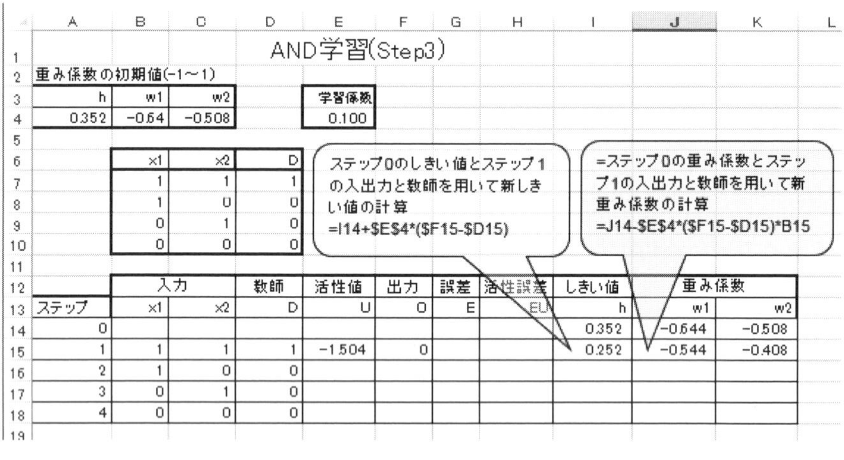

図 3.24　Excel AND 学習（セル番地に「$」を付ける）

差をステップ 5 〜 200 にコピーする．すなわち，はじめの出力誤差 G18 は「ABS(F15−D15)＋ABS(F16−D16)＋ABS(F17−D17)＋ABS(F18−D18)」となる．活性誤差は，誤差の各項に活性値「E 列」を乗じる以外は出力誤差と同じである（**図 3.26**）．

3.4 パーセプトロンによる AND 関数の学習

AND学習(Step4)

重み係数の初期値(-1〜1)

h	w1	w2	学習係数
0.352	-0.64	-0.508	0.100

0.1

	x1	x2	D
	1	1	1
	1	0	0
	0	1	0
	0	0	0

ステップ1の活性値・出力としきい値・重み係数をステップ2〜200にコピーする

	入力		教師	活性値	出力	誤差	活性誤差	しきい値	重み係数	
ステップ	x1	x2	D	U	O	E	EU		w1	w2
0								0.352	-0.644	-0.508
1	1	1	1	-1.504	0			0.252	-0.544	-0.408
2	1	0	0	-0.796	0			0.252	-0.544	-0.408
3	0	1	0	-0.660	0			0.252	-0.544	-0.408
4	0	0	0	-0.252	0			0.252	-0.544	-0.408
5	1	1	1	-1.204	0			0.152	-0.444	-0.308
6	1	0	0	-0.596	0			0.152	-0.444	-0.308
7	0	1	0	-0.460	0			0.152	-0.444	-0.308
8	0	0	0	-0.152	0			0.152	-0.444	-0.308
9	1	1	1	-0.904	0			0.052	-0.344	-0.208
10	1	0	0	-0.396	0			0.052	-0.344	-0.208
11	0	1	0	-0.260	0			0.052	-0.344	-0.208
12	0	0	0	-0.052	0			0.052	-0.344	-0.208
13	1	1	1	-0.604	0			-0.048	-0.244	-0.108
14	1	0	0	-0.196	0			-0.048	-0.244	-0.108

図 3.25 Excel AND 学習（ステップ 2 〜 200 にコピー）

図 3.26 Excel AND 学習（ステップ 5 〜 200 にコピー）

3.5 パーセプトロンによる TCLX 文字認識

パーセプトロンによる **TCLX 文字認識**学習も，基本的には AND 学習と大差はない。AND 学習の入力が論理値のすべての組合せであるのに対し，TCLX 文字認識は 4 文字のドットパターンである。また教師信号も，AND 学習では素子出力であるのに対して，TCLX 学習では入力に対応する文字である。

この課題も TCLX の各文字が他の文字群と平面で分離できるため，AND 課題と同様に線形分離可能である。したがって，有限の回数でパーセプトロン学習を終えることができる。すなわち 4 つの文字を認識するパーセプトロンを作ることができる。

以下パーセプトロンによる TCLX 文字認識学習のための入力と教師信号，学習アルゴリズム，最大活性ニューロンによる認識について，順に述べる。ここでは図 3.27 に示す文字 TCLX を用いて文字認識学習を行う。各文字の黒部分は 1，空白は 0，左上の x1 から右下の x9 まで，入力は 9 成分の 1 次元ベクトルとして入力する。図 3.28 には TCLX 学習の入力と対応する教師信号を示す。例えば，文字 T の場合，入力は x = [1, 1, 1, 0, 1, 0, 0, 1, 0] の 1 次元ベクトルとなる。

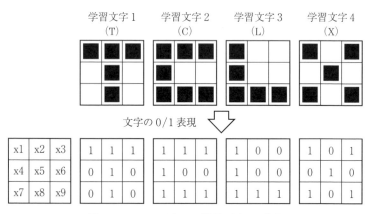

図 3.27　パーセプトロン学習に用いる文字

3.5 パーセプトロンによる TCLX 文字認識

	入力文字									教師信号	
	x1	x2	x3	x4	x5	x6	x7	x8	x9		
T	1	1	1	0	1	0	0	1	0	d1	1
T	1	1	1	0	1	0	0	1	0	d2	0
T	1	1	1	0	1	0	0	1	0	d3	0
T	1	1	1	0	1	0	0	1	0	d4	0
C	1	1	1	1	0	0	1	1	1	d1	0
C	1	1	1	1	0	0	1	1	1	d2	1
C	1	1	1	1	0	0	1	1	1	d3	0
C	1	1	1	1	0	0	1	1	1	d4	0
L	1	0	0	1	0	0	1	1	1	d1	0
L	1	0	0	1	0	0	1	1	1	d2	0
L	1	0	0	1	0	0	1	1	1	d3	1
L	1	0	0	1	0	0	1	1	1	d4	0
X	1	0	1	0	1	0	1	0	1	d1	0
X	1	0	1	0	1	0	1	0	1	d2	0
X	1	0	1	0	1	0	1	0	1	d3	0
X	1	0	1	0	1	0	1	0	1	d4	1

図 3.28 TCLX 学習の入力と対応する教師信号

また，AND 学習とは異なり出力が文字数の 4 であることから，4 出力に対応する 4 教師信号を与える。

図 3.29 には，パーセプトロンによる TCLX 文字認識学習の概念図を示す。

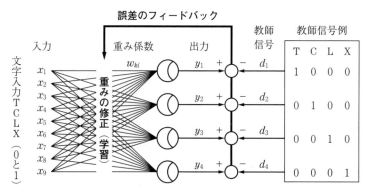

図 3.29 パーセプロトンによる TCLX 文字認識学習の概念図

3.4節のAND学習とほぼ同じであるが、出力が文字数の4であることから、入力ごとに4出力と4教師信号を比較し対応する、重み係数としきい値を修正する。

まずTCLXのいずれかの文字を入力し、重み係数としきい値関数を用いて出力yを求める。出力yと教師信号dを比較し、誤差があればフィードバックして重み係数としきい値を修正する。この操作を誤差がなくなるまで繰り返す。

TCLX文字認識学習アルゴリズムはAND学習とほぼ同じで、出力が複数の4個であることに注意すれば、アルゴリズムはそれほど難しくない。図3.30に擬似言語によるTCLX文字認識学習アルゴリズムを示す。はじめに重み係数としきい値を適当な値で初期化しておく。次にTCLXのいずれかの文字を入力し、重み係数としきい値を用いて活性値uを求める。活性値uにしきい値関数を適用し出力yを求める。出力yと教師信号dを比較し、誤差があれば重み係数としきい値を誤差が減少するように修正する。この操作を誤差がなくなる(0)まで繰り返す。

パーセプトロンの学習途中や学習終了にもかかわらず、出力に1がない場合

```
wki(k=1,‥,4)(i=1,‥,9), hk(k=1,‥,4) を0で初期化
Do {
    ある入力 (x1,‥,x9) を生成
    for k=1 to 4 {
        uk= -hk                    ここでukは活性値
        for i=1 to 9 { uk=uk+wkixi }
        yk=S(uk)                   ここでSはステップ関数、ykは出力
    }
    for k=1 to 4 {
        for i=1 to 9 { wki=wki - α(yk-dk)xi }
        hk=hk +  α(yk-dk)          ここでdkは教師信号、αは学習係数
    }
} until すべての入力に対して望みの結果を出力する
```

図3.30 擬似言語によるTCLX文学認識学習アルゴリズム

や，1が複数ある場合がある．この場合，どの文字と認識してよいか決めることができない．このとき活性値がいちばん大きなニューロンが，正答にいちばん近いと思われる．図 3.31 は，このようなときに出力ニューロンの出力値ではなく活性値に着目し，その最大値を求め最大活性ニューロンとして認識文字とする．

Excel による TCLX 文字学習認識課題の具体的適用例は演習で示す．

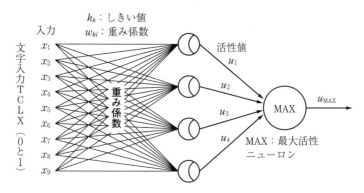

図 3.31　TCLX における最大活性ニューロン

3.6　Java によるパーセプトロンのアルファベット認識

本節では，パーセプトロンによる文字認識学習を，Excel ではなく **Java 言語**プログラムで記述する．入力は 3×3 の TCLX 文字ではなく，5×5 のアルファベット 26 文字とした．ドットパターンは 5×5 なので，25 要素からなる 1 次元配列を 26 文字分並べた 26×25 の 2 次元配列とする．また教師信号はアルファベット学習なので，26 文字となる．

アルファベット課題も各文字が他の文字群と平面で分離できるため，AND 課題と同様に線形分離可能である．したがって，有限の回数でパーセプトロン学習を終えることができる．すなわち，26 文字を認識するパーセプトロンを作ることができる．

以下，パーセプトロンによるアルファベット文字認識学習のための入力と教師信号，学習アルゴリズム，学習プログラム，最大活性ニューロンによる認識について，順に述べる。

ここでは図 3.32 に示す 26 アルファベット文字の認識学習を，Java 言語によるパーセプトロンで行う方法を述べる。

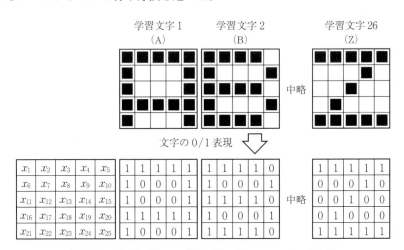

図 3.32 パーセプトロン学習に用いるアルファベット文字

各文字は $5 \times 5 = 25$ のドットパターンからなり，黒部分は 1，空白は 0，左上 x_1 から右下 x_{25} まで，入力は 25 成分の 1 次元ベクトルとして入力する。

図 3.33 には，パーセプトロンによるアルファベット文字認識学習の概念図を示す。アルファベット課題は TCLX 課題と同様の考えで，入力ごとに 26 出力と 26 教師信号を比較し，対応する重み係数としきい値を修正する。26 文字を次々と入力し，そのときの重みとしきい値を使って活性値を計算し，その符号により出力を計算する。

出力が望ましい値（教師信号）と一致すれば，重み係数としきい値は変更しない。一致しなければ現在の重み係数としきい値が不適切なので修正する。これを誤差のフィードバックという。

重み係数としきい値の修正式は，以下のように「出力−教師信号」の値によ

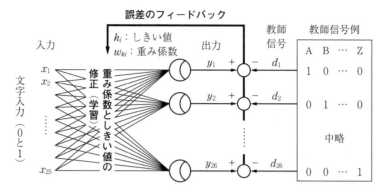

図 3.33 パーセプトロンによるアルファベット文字認識学習の概念図

り次の 3 通りに分かれる。

$$y_k^{(p)} - d_k^{(p)} \begin{cases} <0 & (=-1) & y_k^{(p)}を増加させる必要がある。\\ =0 & & 望み通りの出力。\\ >0 & (=1) & y_k^{(p)}を減少させる必要がある。 \end{cases} \quad (3.10)$$

したがって，重み係数としきい値の修正式は以下のようになる。

$$w_{ki} = w_{ki} - \alpha(y_k^{(p)} - d_k^{(p)})x_i^{(p)} \tag{3.11}$$

$$h_k = h_k + \alpha(y_k^{(p)} - d_k^{(p)}) \tag{3.12}$$

ここでは $\alpha(>0)$ は学習係数で，学習の収束速度を調節する。

アルファベットの場合も，アルゴリズムは TCLX 文字認識学習とほぼ同じで，入力が 25 個で出力が 26 個であることに注意すればそれほど難しくない。**図 3.34** に，擬似言語によるアルファベット文字認識学習アルゴリズムを示す。

はじめに重み係数としきい値を，適当な値で初期化しておく。次にアルファベットのいずれかの文字を入力し，重み係数としきい値を用いて活性値 u を求める。活性値 u にしきい値関数を適用し出力 y を求める。出力 y と教師信号 d を比較し，誤差があれば重み係数としきい値を誤差が減少するように修正する。学習終了条件を誤差がなくなるまでとするとアルゴリズムが少し難しくなるので，ここでは誤差が 0 になるには十分な学習回数である 500 回繰り返すことにしている。

```
wki (k=1,··,26)(i=1,··,25),hk(k=1,··,26) // 乱数で初期化
for(cnt=1～500){                          // 学習回数は500回
    ある文字(x1,···,x25)を生成;
    for k=1 to 26 {
        uk=-hk ; for i=1 to 25 {uk=uk+wkixi} // ukは活性値
        yk=S(uk)                             // Sはステップ関数, ykは出力
    }
    for k=1 to 26 {
        for i=1 to 25 { wki=wki - α(yk-dk)xi }
        hk=hk + α(yk-dk);
    }                                      // dkは教師信号, αは学習係数
} // for cnt の終わり
```

図3.34 擬似言語によるアルファベット文字認識学習アルゴリズム

次に,Java言語を用いてパーセプトロンによるアルファベット文字認識学習を行うプログラム(パーセプトロンJavaプログラム(図3.35))を掲載する。アルファベットは2次元文字を1次元に展開して入力しているが,プログラムでは改行を用いて2次元的に見せている。

Java言語の説明は本文では省略するが,「付録」に本プログラムを理解するのに最小限のJavaの解説を載せてあるので参照してほしい。

プログラムの1行目は,乱数メソッドnextDouble()を使用するためのRandomクラスをインポートする。9行目の重み係数wと10行目のしきい値hは,それぞれK_MAX(出力数)×I_MAX(入力数)の2次元配列,K_MAX(出力数)の1次元配列であるが,0番を避けるために領域を1個多く確保している。出力y,教師信号d,誤差errもP_MAX(文字数)×K_MAX(出力数)の2次元配列であるが,0番を避けるために領域を1個多く確保している。

15行目以降は26文字の入力パターンであり,パターン数26×入力25であるが,0番を避けるために27×26の2次元配列を確保している。すなわち,文字Aの前にはダミー(空)文字を用意し,各文字の中には0番目にダミーパターンとして0を入れている。

3.6 Java によるパーセプトロンのアルファベット認識

```
 1:import java.util.Random;
 2:public class perceptron {
 3:    public static void main(String args[]){
 4:       double alpha=0.1;              // 学習係数
 5:       int CNT_MAX=500;               // 学習回数 500
 6:       int P_MAX=26;                  // パターン数（文字数）
 7:       int K_MAX=26;                  // 出力素子数（文字数）
 8:       int I_MAX=25;                  // 入力数（5×5）
 9:       double[][]   w=new double[K_MAX+1][I_MAX+1];  // 重み係数
10:       double[]     h=new double[K_MAX+1];           // しきい値
11:       int[][]      y=new int[P_MAX+1][K_MAX+1];     // 出力
12:       int[][]      d=new int[P_MAX+1][K_MAX+1];     // 教師信号
13:       int[][]      err=new int[P_MAX+1][K_MAX+1];   // 誤差
14:       double u,error,Uerror;
15:int[][]x={
```

図 3.35 Java によるアルファベット文字認識学習プログラム（パーセプトロン Java プログラム）

```
16: {0,              29: 1,1,1,1,0,    42: 1,0,0,0,1,    55: 1,1,1,1,0,
17: 0,0,0,0,0,       30: 1,0,0,0,1,    43: 1,0,0,0,1,    56: 1,0,0,0,0,
18: 0,0,0,0,0,       31: 1,1,1,1,0,    44: 1,0,0,0,1,    57: 1,0,0,0,0},
19: 0,0,0,0,0,       32: 1,0,0,0,1,    45: 1,1,1,1,0},   58: {0,//G
20: 0,0,0,0,0,       33: 1,1,1,1,0},   46: {0,//E        59: 1,1,1,1,1,
21: 0,0,0,0,0},      34: {0,//C        47: 1,1,1,1,1,    60: 1,0,0,0,0,
22: {0,//A           35: 1,1,1,1,1,    48: 1,0,0,0,0,    61: 1,0,0,1,1,
23: 1,1,1,1,1,       36: 1,0,0,0,0,    49: 1,1,1,1,0,    62: 1,0,0,0,1,
24: 1,0,0,0,1,       37: 1,0,0,0,0,    50: 1,0,0,0,0,    63: 1,1,1,1,1},
25: 1,0,0,0,1,       38: 1,0,0,0,0,    51: 1,1,1,1,1},   64: {0,//H
26: 1,1,1,1,1,       39: 1,1,1,1,1},   52: {0,//F        65: 1,0,0,0,1,
27: 1,0,0,0,1},      40: {0,//D        53: 1,1,1,1,1,    66: 1,0,0,0,1,
28: {0,//B           41: 1,1,1,1,0,    54: 1,0,0,0,0,    67: 1,1,1,1,1,
```

ここでは 16～67 行を 13 行ずつ横に並べた。

図 3.35 （つづき 1）

```
68: 1,0,0,0,1,      96: 1,1,0,1,1,    124: {0,//R      152: 0,1,0,1,0,
69: 1,0,0,0,1},     97: 1,0,1,0,1,    125: 1,1,1,1,1,  153: 0,0,1,0,0},
70: {0,//I          98: 1,0,0,0,1,    126: 1,0,0,0,1,  154: {0,//W
71: 0,0,1,0,0,      99: 1,0,0,0,1},   127: 1,1,1,1,1,  155: 1,0,0,0,1,
72: 0,0,1,0,0,     100: {0,//N        128: 1,0,0,1,0,  156: 1,0,0,0,1,
73: 0,0,1,0,0,     101: 1,0,0,0,1,    129: 1,0,0,0,1}, 157: 1,0,1,0,1,
74: 0,0,1,0,0,     102: 1,1,0,0,1,    130: {0,//S      158: 1,0,1,0,1,
75: 0,0,1,0,0},    103: 1,0,1,0,1,    131: 1,1,1,1,1,  159: 1,1,1,1,1},
76: {0,//J         104: 1,0,0,1,1,    132: 1,0,0,0,0,  160: {0,//X
77: 0,0,0,0,1,     105: 1,0,0,0,1},   133: 1,1,1,1,1,  161: 1,0,0,0,1,
78: 0,0,0,0,1,     106: {0,//O        134: 0,0,0,0,1,  162: 0,1,0,1,0,
79: 1,0,0,0,1,     107: 1,1,1,1,1,    135: 1,1,1,1,1}, 163: 0,0,1,0,0,
80: 1,0,0,0,1,     108: 1,0,0,0,1,    136: {0,//T      164: 0,1,0,1,0,
81: 1,1,1,1,1},    109: 1,0,0,0,1,    137: 1,1,1,1,1,  165: 1,0,0,0,1},
82: {0,//K         110: 1,0,0,0,1,    138: 0,0,1,0,0,  166: {0,//Y
83: 1,0,0,1,0,     111: 1,1,1,1,1},   139: 0,0,1,0,0,  167: 1,0,0,0,1,
84: 1,0,1,0,0,     112: {0,//P        140: 0,0,1,0,0,  168: 0,1,0,1,0,
85: 1,1,0,0,0,     113: 1,1,1,1,1,    141: 0,0,1,0,0}, 169: 0,0,1,0,0,
86: 1,0,1,0,0,     114: 1,0,0,0,1,    142: {0,//U      170: 0,0,1,0,0,
87: 1,0,0,1,0},    115: 1,1,1,1,1,    143: 1,0,0,0,1,  171: 0,0,1,0,0},
88: {0,//L         116: 1,0,0,0,0,    144: 1,0,0,0,1,  172: {0,//Z
89: 1,0,0,0,0,     117: 1,0,0,0,0},   145: 1,0,0,0,1,  173: 1,1,1,1,1,
90: 1,0,0,0,0,     118: {0,//Q        146: 1,0,0,0,1,  174: 0,0,0,1,0,
91: 1,0,0,0,0,     119: 1,1,1,1,1,    147: 1,1,1,1,1}, 175: 0,0,1,0,0,
92: 1,0,0,0,0,     120: 1,0,0,0,1,    148: {0,//V      176: 0,1,0,0,0,
93: 1,1,1,1,1},    121: 1,0,1,0,1,    149: 1,0,0,0,1,  177: 1,1,1,1,1
94: {0,//M         122: 1,0,0,1,1,    150: 1,0,0,0,1,  178: };   //入力
95: 1,0,0,0,1,     123: 1,1,1,1,1,    151: 0,1,0,1,0,
```

ここでは 68 〜 178 行を 28 行ずつ横に並べた。

図 3.35 （つづき 2）

```
179:    Random rnd=new Random(1); //Randomクラスオブジェクト生成
180:    for(int k=1; k<=K_MAX; k++) {
181:        for (int i=1; i<=I_MAX; i++) {
182:            w[k][i]=1-2*rnd.nextDouble();// -1～+1の乱数発生
183:        }
184:        h[k]=1-2*rnd.nextDouble();
185:    }                   // rnd.nextDouble()は0～1の乱数発生
186:    for(int p=1; p<=P_MAX; p++) {          // 教師信号の作成
187:        for(int k=1; k<=K_MAX; k++) {
188:            if(k==p)d[p][k]=1;else d[p][k]=0;
189:        }
190:    }
191:    for(int cnt=1; cnt<=CNT_MAX; cnt++){   // cntは学習回数
192:        error=0; Uerror=0;
193:        for(int p=1; p<=P_MAX; p++) {
194:            for(int k=1; k<=K_MAX; k++) {
195:                u= -h[k] ;
196:                for(int i=1; i<=I_MAX; i++) u=u+w[k][i]*x[p][i];
197:                                    // 活性値計算
198:                if (u>=0) y[p][k]=1; else y[p][k]=0;
                                        // 出力値計算
199:                err[p][k]=y[p][k]-d[p][k];
200:                error=error+Math.abs(err[p][k]);    // 誤差計算
201:                Uerror=Uerror+Math.abs(err[p][k]*u);
                                        // 活性誤差計算
202:            } // for k
203:            for(int k=1; k<=K_MAX; k++) {
204:                for(int i=; i<=I_MAX; i++) {
205: w[k][i]=w[k][i]-alpha*(y[p][k]-d[p][k])*x[p][i];
206:                }
207:                h[k]=h[k]+alpha*(y[p][k]-d[p][k]);
208:            }           // 重み係数の学習
209:        } // for p
```

図 3.35 （つづき 3）

```
210:         System.out.println(cnt+"    "+error+"    "+Uerror);
211:                             // 学習係数, 誤差, 活性誤差の表示
212:     } // for cnt
213: }
214:}
```

図 3.35 （つづき 4）

プログラムの後半において，179 行目では，new Random（1）においてランダムクラスオブジェクトを生成する．引数の 1 は乱数系列を表し 1 を種とする**擬似乱数**列が生成される．この乱数系列は再現性があり，何度でも同じ系列を生成できる．異なる系列を発生させたい場合は，引数の 1 を別の数字に変えるだけでよい．

180 ～ 185 行では，重み係数としきい値の初期値を -1 ～ $+1$ の実数乱数で設定している．186 ～ 190 行では，入力文字に対応した教師信号を設定している．

191 ～ 212 行の for 文は学習の主要ループで，このプログラムでは学習に十分な回数 CNT_MAX をあらかじめ設定する．

学習ループ内では 193 ～ 209 行で，文字数 26 文字の入力を繰り返す．各文字を入力すると 194 ～ 202 行ですべての出力に対して重み係数としきい値を用いて，活性値，出力値，誤差を計算する．誤差のうち error は出力と教師信号の差である出力誤差，Uerror は出力誤差に活性値を乗じた活性誤差である．

203 ～ 208 行では，出力値と教師信号をもとに重み係数としきい値を更新（学習）する．alpha は学習係数とよばれ学習の速度を調整する定数で，本プログラムでは 4 行目で設定している．

誤差 error と Uerror は，学習ごとに 192 行で初期設定（0 クリア）し，200 と 201 行で更新し，結果は 210 行で画面表示する．

パーセプトロンの学習途中や学習終了にもかかわらず出力に 1 がない場合や，1 が複数ある場合がある．この場合，どの文字と認識してよいか決めることができない．このとき，活性値がいちばん大きなニューロンが正答にいちば

ん近いと思われる。図 3.36 は，このようなときに出力ニューロンの出力値ではなく活性値に着目し，その最大値を求め最大活性ニューロンとして認識文字とする方法である。

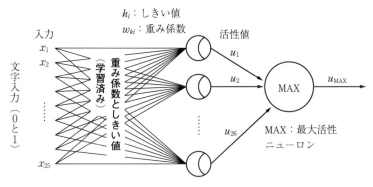

図 3.36　アルファベット認識文字の最大活性ニューロン

3.7　演　　　習

【3.1】

　例 3.1 の AND 関数を参考に，OR 関数を実現する Excel シートを処理条件に従って作成し，Excel リボンの［数式］→［数式の表示］をクリックして，OR 関数を数式表示（図 3.9 参照）しなさい。

＜処理条件＞

1. 図 3.9 の AND 関数を参考に OR 関数の Excel 表現を求める。
2. 図 3.9 において，D6 と E6 の式をそれぞれ D7 〜 D9，E7 〜 E9 にコピーする。
3. Excel リボンの［数式］→［数式の表示］をクリックして，OR 関数の数式表現を求める。
4. 活性値 u の式（D6）の重み係数としきい値は $ を付けて絶対参照，入力変数は $ を付けずに相対参照とする。

【3.2】

図3.11のXOR関数を参考にして，2入力2出力の半加算器の真理値表を作成し，その後半加算器を実現するExcelの表を処理条件に従って作成せよ。

<処理条件>

1. B列とC列には入力を入れる。
2. D列とE列はNANDの活性値と出力値の数式を入力する。
3. F列とG列はORの活性値と出力値の数式を入力する。
4. H列とI列は和を求めるANDの活性値と出力値の数式を入力する。
5. J列とK列は桁上げを求めるANDの活性値と出力値の数式を入力する。
6. D12〜K12の式における重み係数としきい値は$の付いた絶対参照，入力変数は$の付かない相対参照として，それぞれ13〜15行までコピーする。

【3.3】

図3.21のAND関数の学習において，学習係数 $\alpha = 1.0, 0.1, 0.01$ のときの各活性誤差EUの推移を，処理条件に従って同一グラフ上に表示せよ。ただし，ステップ数は200とせよ。

<処理条件>

1. E4の値を1.0, 0.1, 0.01に変更し，それぞれのワークシートのH列をコピーする。
2. 別シートのA列，B列，C列に[値のみ]でコピーする。
3. 別シートのA列，B列，C列を範囲指定し，[挿入]→[グラフ]→[折れ線グラフ]をクリックし，すべての誤差曲線を同一グラフ表示する。

<ヒント>

重み係数は14行，入力，活性値，出力値は15行，誤差は18行に式を入力し，それを下の式にコピーする。

通常のコピーで式をコピーすると，「対応セルが存在しない」というエラーが出るので，値のみコピーを選択する。グラフの整形は，グラフ描画後にさまざまなグラフツールにより実現できる。

【3.4】

図 3.21 において，学習係数 $\alpha = 0.1$ のときの重み係数 w1, w2 としきい値 h の推移を，処理条件に従って同一グラフ上に表示せよ．ただし，ステップ数は 100 とせよ．

＜処理条件＞

1. E4 に 0.1 を入れ I 列，J 列，K 列を範囲指定する．
2. ［挿入］→［グラフ］→［折れ線グラフ］をクリックし，同一グラフ上に重み係数としきい値の 3 本の折れ線グラフを表示する．

＜ヒント＞

100 ステップ以内に，重み係数 w1, w2 としきい値 h の値が一定になり，学習が終了することを確認する．

【3.5】

TCLX 文字認識学習用のテンプレート（**図 3.37**）を，処理条件に従って作成せよ．

＜処理条件＞

1. B1〜M4 には TCLX のパターンを見ながら黒は■，白は□を入力する．
2. 縦（行）はステップ，横（列）は各変数（入力，教師，活性値，出力，最大活性値，パターン誤差，総誤差，パターン活性誤差，活性総誤差，しきい値，重み係数）の見出しとセルを確保する．
3. T-U 列には入力と B1〜M4 を参照して入力パターン表示する．
4. X-Y 列には最大活性値を参照して，その時点の認識文字をパターン表示する．

【3.6】

【3.5】で作成した TCLX テンプレート（図 3.37）をもとに，9 入力 4 出力 TCLX 文字認識課題を学習する Excel ワークシート（**図 3.38**）を処理条件に従って作成せよ（ただし，学習係数 $\alpha = 0.1$ とする）．

＜処理条件＞

1. B7〜L22 は B1〜M4 のパターンを見ながら黒は 1，白は 0 を入力する．

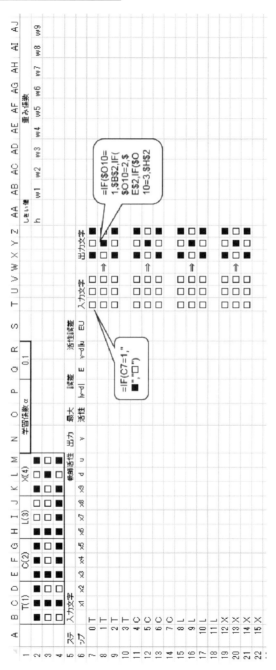

図 3.37 TCLX 文字認識学習用テンプレート

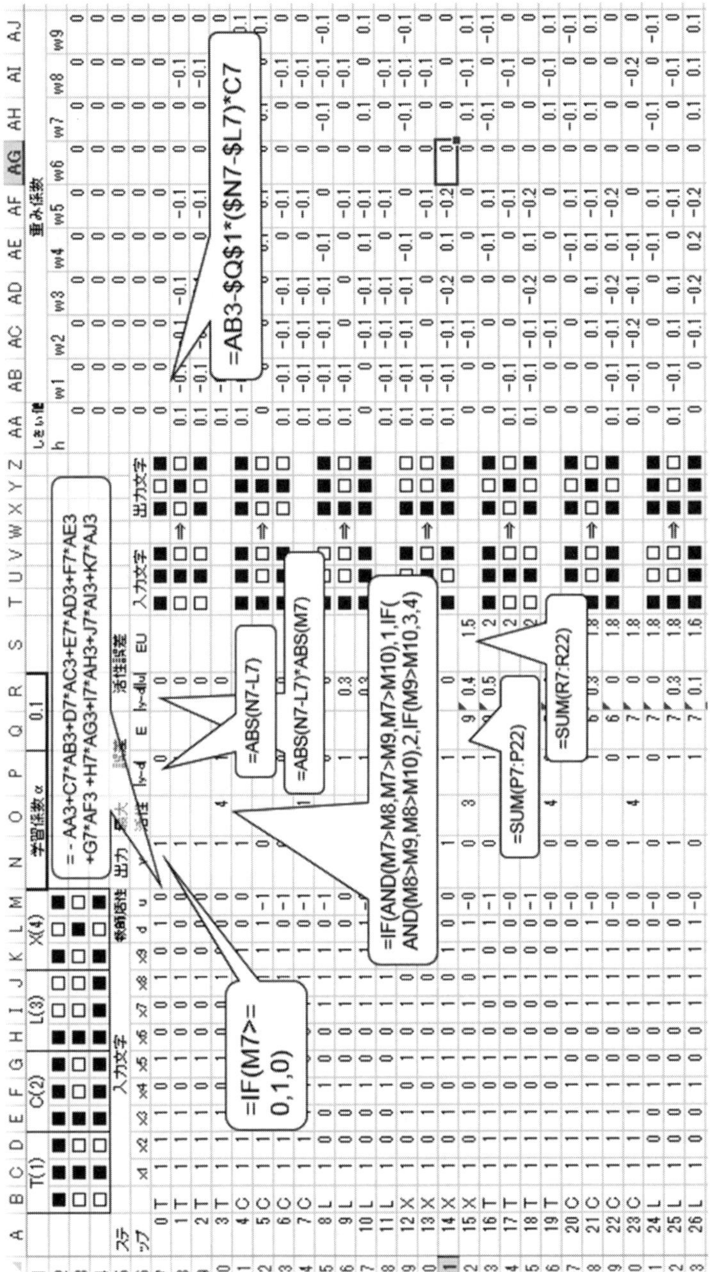

図 3.38　TCLX 学習用 Excel ワークシート

重み係数の初期値として AB3 ～ AJ6 にすべて 0 を入力する（図 3.39）。

2. 活性値 M 列，出力値 N 列，誤差 P 列，活性誤差 R 列の 0 ステップにそれぞれの式を入力し，1 ～ 15 ステップまでコピーする（図 3.40）。

3. 重み係数の学習式を AB7 ～ AJ7 列の 0 ステップに入れ，最大活性ニューロンを O 列の 4 ステップに入力し 2 ～ 15 ステップにコピーする（図 3.41）。

4. P 列の 0 ～ 15 ステップの和を求め出力誤差 Q22 とする。R 列の 0 ～ 15 ステップの和を求め活性誤差 S22 とする（図 3.42）。

5. 0 ～ 15 ステップは学習とともに繰り返すので，学習終盤の 191 ステップまでコピーする。ただし，誤差は 1 ステップ単位，他は 16 ステップ単位でコピーする（図 3.43）。

【3.7】

図 3.38 の Excel シートを利用して，重み係数の初期値がすべて 0 のときの誤差 E と活性誤差 EU の推移を表すグラフ（ステップ数 0 ～ 191）を，以下の処理条件に従って Excel で作成し，同一グラフ上に表示せよ。

<処理条件>

1. 誤差 Q 列，活性誤差 S 列を，それぞれ別シートの A 列と B 列にコピーする。ただし，範囲指定は 0 行～とする。

2. A 列と B 列を範囲指定し，［挿入］→［グラフ］→［折れ線グラフ］をクリックし，折れ線グラフを描画する。

【3.8】

図 3.35 のパーセプトロン Java プログラムを実行し，25 入力 26 出力の 26 文字認識課題において，学習係数 $\alpha = 0.1$，$\alpha = 0.01$，$\alpha = 0.005$ としたときの誤差 E と活性誤差 EU の推移を求め，処理条件に従って Excel でそれぞれのグラフを作成せよ。

<処理条件>

1. 4 行目の α を 0.1，0.01，0.0005 に変えてプログラムを動作し，210 行目の error と Uerror をコンソール画面から Excel にコピーする。

2. プログラムの 210 行目の error と Uerror の区切りに，タブ「\t」を入力

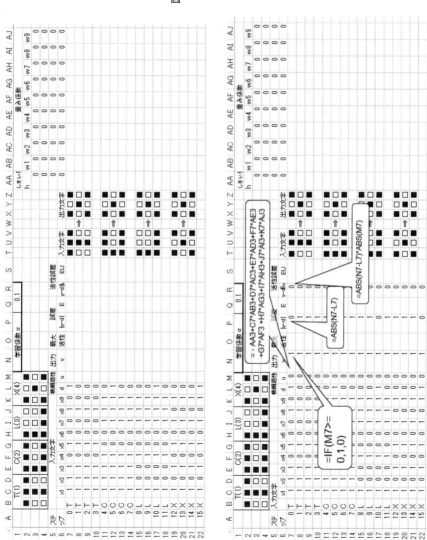

図 3.39 入力と重み係数の初期値の入力

図 3.40 活性値と出力値計算と誤差計算

102　3. ニューラルネット入門

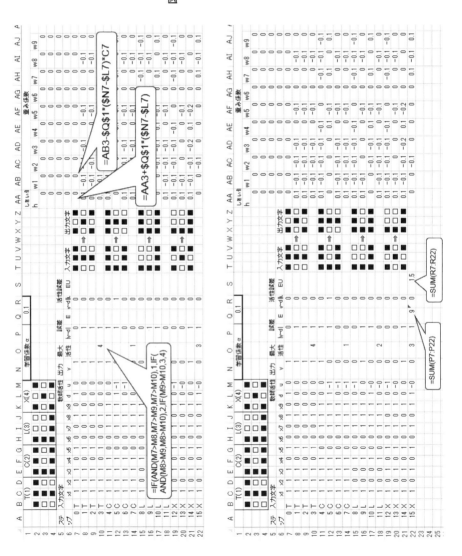

図 3.41　重み係数の学習と最大活性値の計算

図 3.42　出力誤差と活性誤差の計算

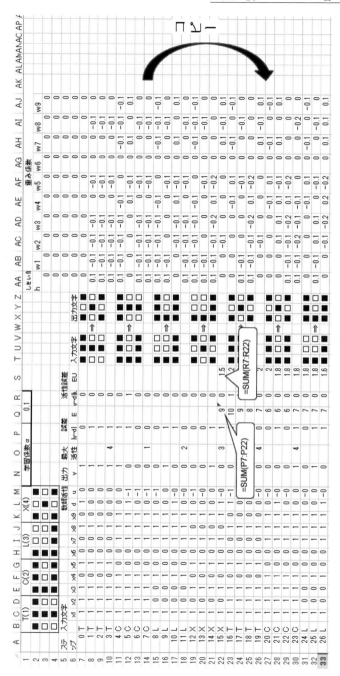

図3.43 セルのコピーにより学習完了

する。

<ヒント>

タブを入れないと Excel にコピーしたときに error と Uerror が分離できず膨大な作業量となるので，必ずタブを入れるようにしなさい。

【3.9】

図 3.35 のパーセプトロン Java プログラムの後に追加プログラム（**図 3.44**）を入れ，26 文字のランダムな位置に 1 ビットの雑音を混入し，そのときの認識文字を最大活性値から求め，処理条件に従って Excel の表の形でまとめよ。

```
 1:String[] moji = {"","A","B","C","D","E","F","G","H","I","J",
                   "K","L","M",
 2:                "N","O","P","Q","R","S","T","U","V","W","X","Y","Z"};
 3:for(int p = 1; p<＝P_MAX; p++) {
 4:    int r = (int)(rnd.nextDouble()*I_MAX+1);
                    //1〜25 の乱数（雑音箇所）
 5:    x[p][r] = 1-x[p][r];                    //1 ビット反転
 6:    double umax = -10000; int kmax = 0;
 7:    for(int k = 1; k<＝K_MAX; k++) {
 8:        u = - h[k];
 9:        for(int i = 1; i<＝I_MAX; i++) u = u+w[k][i]*x[p][i];
10:        if (u>＝0) y[p][k] = 1; else y[p][k] = 0;
11:        if (u>umax) {umax = u; kmax = k;}    // 最大活性値の更新
12:    }
13:    if (kmax == p)
14:        System.out.print("○ ");
15:    else
16:        System.out.print("× ");
17:    System.out.println(moji[p]+" は "+moji[kmax]
18:                       +" と認識されました");
19:                // kmax は認識文字番号，moji[kmax] は認識文字
20:}
```

図 3.44　パーセプトロン Java 追加プログラム

<処理条件>
1. 図 3.35 のパーセプトロン Java プログラムの 212 行と 213 行の間に図 3.44 の追加プログラムを挿入し，17 行と 18 行目から雑音を入れた 26 文字の認識結果をコンソール出力する。
2. コンソールの認識結果を Excel にコピーする。

<解説>
　追加プログラムにおいて，1〜2 行目は文字（"A"〜"Z"）の 1 次元配列 moji を定義する。

　3〜20 行の for 文は認識の主要ループで文字の数（26）繰り返す。

　認識ループ内では，4 行目で各文字の 25 成分の中でランダムな位置を 1 箇所選び，5 行目でパターンを反転し雑音とする。

　認識文字を最大活性値で求めるために，6 行目では最大活性値の初期値を設定する。

　7〜12 行では最大活性値をもつ出力（文字）kmax を計算する。

　13〜16 行では認識文字が正解（kmax＝p）か不正解（kmax≠p）かを判断する。

　17〜18 行では認識結果を画面表示する。　　　　　　　　　　　　　♠

強化学習入門

　強化学習は，複雑な環境におけるエージェントが試行錯誤（trial-and-error）によって振る舞いを学習する問題の分野である．近年，多くの研究者の注目を集めている分野であるが，この基本原理は報酬と罰によるエージェントの振る舞いを構築する方法論として可能性が示されていることにある．本章では，この強化学習の基本的な概念と理論を例を用いて学ぶ．

4.1 強化学習概論

　強化学習（reinforcement learning）は1950年代の**サイバネティクス**（cybernetics）と統計学，ニューロ科学などと関連して，動物心理学あるいは動物行動学に用いられた用語である．ラットなどの動物がある行動を起したときのみ，えさなどの**報酬**（reward）を与える操作を繰り返すと，その行動パターンが徐々に**強化**（reinforcement）され，実際に報酬が与えられなくても同様な状況におかれるとその行動を起すようになることから始まっている．同様に失敗の行動をした場合には**罰**（penalty）を与えることにより，負の強化が起きる．

　このように報酬を契機として行動パターンを学習する場合に広く用いられているが，罰による行動の抑制も含めて**条件付け**とよばれる一連の適応現象を実現する学習を，**強化学習**とよんでいる．

　強化学習の研究として，1950年代のSamuelのCheckers Playerプログラムが有名である．チェスの差し手の系歴としての対戦経験から，過去の対戦経験

についての記憶にどのような得点を割り当てるかという問題が扱われている。このように，経験と記憶を点数というシンボルに接地させることから，強化学習の分野であると考えられる。その後の1980年に発表されたミッチー（D. Michie）とチェンバース（R. A. Chambers）の倒立振子の学習制御の研究は，罰からの強化学習を行った先駆的なものである。

1980年代には，ニューラルネットを用いた学習制御とtemporary difference原理に関する研究が進められた。また，ホランド（Holland）らのバケットブリゲード（bucket brigade）と遺伝的アルゴリズムを用いた分類システムも，強化学習の範疇に入る。このように，強化学習に関する研究が進められ，機械学習国際会議では多くの強化学習ワークショップが開催されている。

サットン（Sutton）は，人工知能あるいは機械学習における強化学習を実現するアーキテクチャにおいて4つの重要なステップを示している（**図4.1**）。これらのアーキテクチャは，すべての**状態**（state）から適切な**行動**（action）へのマッピングを学習することを目的としている。このようなマッピングが，**行動方針**（policy）とよばれ，ある状態におけるエージェントがいかに行動するかを規定する。

図a）は「行動方針のみ」（policy only）とよばれる構造を示している。この構造では高い報酬とつながる行動の実行確率が増加され，また低い報酬しか得られない行動の実行確率が減少する。

このような構造は**S-R**（stimulus-response）**学習モデル**に起因している。すなわち，行動を刺激（stimulus）と反応（response）の関係からとらえようとするもので，比較的単純なモデルであるが，問題によっては極めて効果的である。例えば，頭部に左右2つの触覚をもつ昆虫を考える。前進行動をする際に，右の触覚に刺激があると左に旋回し前進し，左の触覚に刺激があると右に旋回し前進する。ここでは，旋回の角度と前進する速度は考えないとしても，ある程度の障害物を回避しながら前進することができる。

図b）は「**強化-比較**」（reinforcement-comparison）**構造**を示しており，おのおのの状態の強化基準値を調整する。状態に応じて強化信号を予測し，この

4. 強化学習入門

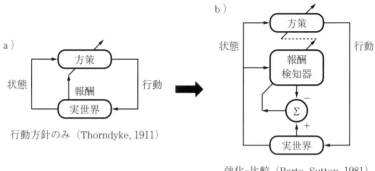

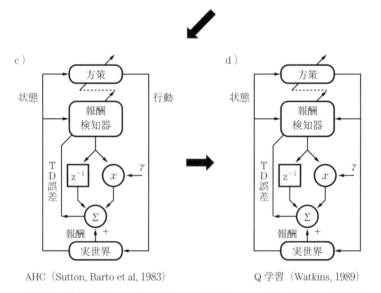

図 4.1 強化学習のアーキテクチャの変化（Sutton 1998, 文献 1）より引用）

予測値と実際の強化信号との差が行動方針の調整に使用される。しかし，この構造が長期報酬（long-term reward）に対しては，最適化されない点が指摘されている。

一方，AHC（adaptive heuristic critic）（図c））とよばれる自己評価学習法も提案されており，即時報酬（immediate reward）を予測する代わりに報酬の長期に割り引かれる積み重ね（long-term discended continuative reward）を予測

する．

図d）はQ学習（Q-learning）を示しており，状態と行動の組における長期に割り引かれる積み重ねを予測する．

4.2 強化学習モデル

エージェントが相互作用する環境の中で行動するとき，環境の状態に応じて，どのような行動をとるべきかを学習する問題を扱う．

あるタスクを実行するエージェントが行動するとき，ある行動がタスク遂行にとってどれほどよい行動であったかを直接に評価することは困難である．エージェントは試行錯誤的に行動し，ときどき環境から与えられる数値化された報酬をもとに，期待報酬を最大化するような行動を徐々に選択するように行動を修正していく．期待報酬とは，将来獲得することのできる報酬の期待値である．

ニューラルネットの章（3章）で説明したような，教師信号のない学習手法である強化学習について考察する．

ここで，**図4.2**に示すようなエージェントベースの強化学習モデルを考える．

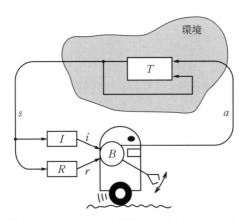

図4.2 エージェントと外部とのインタラクション

このモデルでは，エージェントは知覚能力と行動能力で環境と連結されており，これらが相互作用する．各時間ステップにおいて，エージェントは状態を知覚し，行動を決定する．そして，この行動が環境に変化を与え，この環境の変化の遷移が一つのスカラ強化信号 r で，エージェントにフィードバックされる．また，B はエージェントの意思決定機構であり，その結果として行動 a を実行し，環境 T を書き換える．動的な環境では T 自身が書き換えられることも想定される．環境の状態は知覚 s で行われる．知覚 s を入力とするが，強化信号とエージェントが解釈できる入力信号に分けられる．すなわち，この学習モデルのそれぞれの要素は一般に以下のように表すことができる．

T：環境状態の離散的集合
I：入力信号の集合
R：スカラ強化信号の集合
B：行動決定機構
a：エージェントの行動
s：環境からの知覚情報
i：入力信号
r：強化信号

入力信号 I はエージェントがいかに環境を観測するかを決める．

強化学習では，エージェントは1エピソードの中で環境を知覚し，行動を選択し，さらに環境を知覚し，行動を選択することを繰り返しながら期待報酬を最大化しようとする．エピソードとは知覚と行動の列の分割可能な単位を意味する．

このように，行動を繰り返すことにより環境の状態が変化していくが，ある状態で行った行動のことを状態遷移とよぶ．一般に報酬は，数回の状態遷移後にもらえるので，ある状態で行った行動が正しかったかの評価が難しい．このような問題は報酬遅れとよばれ，学習を困難にしている．報酬遅れを伴う環境の中で試行錯誤を繰り返しながらエージェントが学習することが，強化学習の特徴である．

4.3 エージェントの方策と状態価値関数

　強化学習では，エージェントはある環境の中で試行錯誤的に知覚と行動を繰り返し，報酬とよばれる数値を受け取る。報酬はある状態になると環境からエージェントに与えられ，その状態の望ましさを表す「即時的」な数値である。報酬が大きければ，それがエージェントにとって望ましい状態を表し，報酬が小さければエージェントにとって望ましくない状態であることを意味する。このような環境に対しての報酬を定義するものを，**報酬関数**（reward function）とよぶ。報酬関数を定義することはタスクを定義することに相当する。エージェント学習モデルでは，報酬関数は設計者によって与えられることになり，報酬関数の与え方がタスク達成を効率よく行えるかどうかに影響を与える。

　エージェントは，ある時間ステップ t で状態 $s_t \in S$ にあることを知覚する。そして，可能な行動 $a_t \in A$ を選択して，環境から報酬 r_{t+1} を得る。このとき，エージェントに対して行動に関するなんらかの基準を表現するには，状態から可能な行動を選択する確率への写像を考えればよい。この写像のことを**方策**（policy）とよび，π で表す。$\pi(s, a)$ は，状態 s のもとで，行動 a を選択する確率を表す。

　行動を選択するための関数を**状態価値関数**（state-value function）とよび，環境の状態から実数値への写像となり，その状態の望ましさを表す関数であると解釈できる。状態価値関数の値が大きければ，将来得るであろう期待報酬が大きいことを意味する。

　エージェントが方策 π に従って行動するとき，環境の状態 $s \in S$ に対する状態価値関数を $V^\pi(s)$ で表すとする。ここで，図 **4.3** に示すような5つの状態と左右のゴール状態を，エージェントが初期状態 s_3 から移動する環境を考える。言い換えれば3の節点にエージェントがいるという状態であるので，これを s_3 と表す。

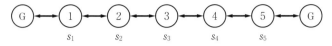

図 4.3 5 状態の状態遷移図

① 右のゴール状態に到達すると報酬 1.0 が与えられる。左のゴール状態に到達すると 0.0 の報酬が与えられる。ゴール状態以外の状態では報酬は与えられない。このことは 0.0 の報酬が与えられたとも考えられる。

② 1 エピソードは初期状態から左右どちらかのゴール状態に達するまでとする。

このような設定のもとで，エージェントが方策 π に従って行動する。エージェントにとって，すべての状態において可能な行動は右か左に移動することである。右に移動する行動を a_1 とし，左に移動する行動を a_2 とする。

4.4 強化学習の方法論

強化学習は，時間ステップごとに要求される行動を表現する信号を環境から受け取る。学習の目標は，いかにこの信号に近い出力を得るかになる。本節では，このような強化学習のさまざまな学習アルゴリズムについて説明する。

4.4.1 TD 学習（時間的差分学習；temporal difference theory，TD 法）

現在の強化学習研究の基礎ともいえる TD 法は，サットンによって考案された一種の時系列予測手法である。多ステップ予測問題では，観測結果列 x_1, $x_2, x_3, x_j, \cdots, x_m, z$ があり，x は時刻 t で観測される状態で，z はこの観測の結果である。このような観測結果列に対して，学習者は時系列 $P_1, P_2, P_3, P_j, \cdots, P_m$ で予測する。一般に，P_t は x_m の関数で表すことができる。学習者は，関数 P を特徴付けるベクトル w を更新することにより学習を進める。ここで，w は式 (4.1) により更新される。

$$w \leftarrow w + \sum_{t=1}^{n} \Delta w_t \tag{4.1}$$

時刻 t の w の更新は，P_t と z との差と変化する w が P_t にいかに影響を与えるかに依存する．すなわち，Δw_t を以下のように表す．

$$\Delta w_t = \alpha(z - P_t)\nabla_w P_t \tag{4.2}$$

ここで，α は学習率であり，$0<\alpha<1$ なる定数である．∇_w（ナブラ）は w のベクトル偏微分を表す．P が x の線形関数であるなら，時刻 t における w の変化は式 (4.3) のように表すことができる．

$$\Delta w_t = \alpha(z - w^t x_t) x_t \tag{4.3}$$

このように，TD 法では差分を扱うための式を操作することにより，時系列における値を決定し，学習のために利用することを考える．

4.4.2 TD(0) による TD 学習の実装

エージェントが，ある方策に従って行動を修正しながら期待報酬を最大化するためには，4.3 節で述べた状態価値関数 $V^\pi(s)$ を正確に求め，その情報によって行動を選択しなければならない．このためには，試行錯誤的な行動の中から徐々に状態価値関数を獲得する必要がある．いま，図 4.4 に示すように状態 s_t からエージェントがある方策 π に従って行動し，状態 s_{t+1} に遷移したとする．すなわち，時刻 t から時刻 $t+1$ に状態が遷移し，その際の状態になんらかの価値を与える状態価値関数を随時更新することを考える．

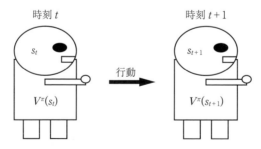

図 4.4 TD を使った状態価値関数 $V^\pi(s_t)$ の更新

時刻 t と時刻 $t+1$ における状態価値関数の差分を TD で表すと次式となる．

$$TD = \gamma V^\pi(s_{t+1}) - V^\pi(s_t) \tag{4.4}$$

ここで，γ は割引率（$0 \leq \gamma \leq 1$）であり，$V^\pi(s_t)$ は時刻 t における状態 s_t に与えられる状態価値関数を表す。このように，TD を temporal difference とよび，これは次の時刻の状態価値関数値を割り引いたものとの差である。これを，TD 誤差，あるいは TD error ともよばれる。

エージェントは時刻 t においてある行動をとり時刻 $t+1$ の状態に遷移するが，このときに望ましい行動をとるために，直前の行動から価値を決める関数を更新していく。また，状態 s_{t+1} に遷移して報酬 r_{t+1} が得られたとする。もし，報酬が得られない場合は 0 の報酬が得られたとする（図 4.5）。この報酬を更新式に取り入れ，1 時間ステップ後の状態価値関数との TD を用いて状態 s_t の状態価値関数 $V^\pi(s_t)$ を更新するものを，TD(0) 学習という。

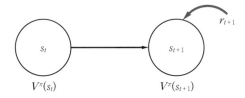

図 4.5　TD 学習における報酬の考え方

TD(0) 学習における状態価値関数の更新式は，次式のようになる。

$$V^\pi(s_t) \leftarrow V^\pi(s_t) + \alpha \{r_{t+1} + \gamma V^\pi(s_{t+1}) - V^\pi(s_t)\} \tag{4.5}$$

この更新式は，現在の状態における状態価値関数を，方策 π に従って行動した結果観測した，次状態における状態関数に近づけることを行う。これは，次状態の行動価値関数が正しいと仮定したときに，現在の状態の状態価値関数が正しい値に近づくと考えられる。報酬が与えられる直前の状態は正確な期待報酬が得られると考えられるため，多くの試行錯誤的な行動を繰り返していくことで，正確な状態価値関数に近づくことが期待できる。

更新式において α は，状態価値関数の更新の度合を示すパラメータで，**学習率**（learning rate）とよばれる。$0 \leq \alpha \leq 1$ の実数値をとり，値が大きいと一般に学習速度は速くなるが，状態価値関数の変動が大きくなるため，最適な値に収束しない場合がある。一方，学習率の値が小さいと最適な値に収束する場

合が多いが，学習速度が遅い．

TD 学習は方策 π に対する状態価値関数を求める方法であるが，ランダム方策はすべての状態において実行可能な行動を等確率で選択する方策である．

【例 4.1】

図 4.6 の 1 次元環境における TD(0) 学習を，Java アプレットプログラムで実行し，学習過程を観察しなさい．

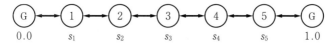

図 4.6 1 次元環境における TD(0) 学習

<処理条件>

1. 状態は $s_1 \sim s_5$ の 5 状態と左右のゴール状態で，初期状態は s_3 とする．
2. 右のゴール：報酬 1.0，左のゴール：報酬 0.0 とする．
3. その他の状態：報酬 0.0 とする．
4. 1 エピソードはゴールに達するまでとする．
5. 各状態の状態価値 $V(s)$ の初期値は 0.0 とする．
6. エージェントの方策はランダムとする．
7. 図 4.7 に示す 1 次元行動 TD(0) 学習 Java アプレットプログラムを利用する．

```
1:import java.applet.*;
2:import java.awt.*;
3:import java.awt.event.*;
4:import java.text.*;
5:import javax.swing.*;
6:
7:public class TDL extends JApplet implements ActionListener,
            Runnable
8:{
9:      JPanel pan1=new MyPanel();
```

図 4.7 1 次元行動 TD(0) 学習 Java アプレットプログラム

```
10:        JPanel pan2=new JPanel();
11:        JButton bt1=new JButton("Start");
12:        Graphics gBuf;
13:        Image imgBuf;         //オフスクリーンバッファ
14:        Thread mt;
15:        //問題設定部
16:        int grid=7;           //状態の数（マス数）
17:        int line=64;          //マス1辺の長さ
18:        int epi=1 000;        //エピソード数
19:        int v;                        //移動方向  //←か→
20:        int sl=10;            //Step ごとの停止時間
21:        int s;                        //現在の状態
22:        double re[]=new double[grid];    //報酬
23:        double V[]=new double[grid];     //状態の数
24:        int Episode=0;        //現エピソード数
25:        boolean gflag=false;             //ゴールフラグ
26:        String str[]=new String[grid];   //価値関数書き出し用
27:        double a=0.01;                //学習率
28:        double gamma=1.0;             //割引率
29:        //結果出力エリア
30:        TextArea ta=new TextArea("↓ =======" + epi + "エピソー
31:        ド学習終了後の状態価値関数値 ======= ↓ \n");
32:
33:        public void init()
34:        {
35:                setSize((grid+2)*line,6*line);     //窓サイズ
36:                Container con=getContentPane();
37:                con.setLayout(new BorderLayout());
38:                imgBuf=createImage((grid+2)*line,4*line);
39:                gBuf=imgBuf.getGraphics();
40:                con.add(pan1 ,BorderLayout.CENTER);
41:                con.add(pan2 ,BorderLayout.SOUTH);
42:                pan1.setBackground(Color.white);
```

図 4.7 （つづき 1）

```
43:                 pan2.setBackground(Color.yellow);
44:
45:                 pan2.setBorder(BorderFactory.createLineBorder(Color.
                                    blue));
46:                 pan1.setLayout(null);
47:                 pan1.add(ta);
48:                 ta.setBounds(line, line*3, line*grid, line*2);
49:                 pan2.add(bt1);
50:                 bt1.addActionListener(this);
51:                 for(int i=0; i<grid; i++)
52:                 {
53:                         V[i]=0.0;
54:                         re[i]=0.0;
55:                 }
56:                 re[grid-1] = 1.0;
57:                 s=grid/2;
58:         }
59:
60:         public void actionPerformed(ActionEvent e)
61:         {
62:                 if(e.getSource()==bt1 )
63:                 {
64:                         for(int i=0; i<grid; i++)
65:                         {
66:                                 V[i]=0.0;
67:                                 re[i]=0.0;
68:                         }
69:                         re[grid-1]=1.0;
70:                         mt=new Thread(this);
71:                         mt.start();
72:                 }
73:         }
74:
```

図4.7 (つづき2)

```
 75:      public void run()
 76:      {
 77:              for(Episode=0; Episode < epi; Episode++)
 78:              {
 79:                      gflag=false;
 80:                      s=(grid/2);
 81:                      while(gflag==false)
 82:                      {
 83:                              try
 84:                              {
 85:                                      Thread.sleep(sl);
 86:                              }
 87:                              catch(InterruptedException e)
 88:                              {
 89:
 90:                              }
 91:                              v=(int)(Math.random()*2);
 92:                              if(v==0)           // 左に移動
 93:                              {
 94:                          V[s]=V[s]+a*(re[s-1]+gamma*V[s-1]-V[s]);
 95:                                      s-=1;
 96:                              }
 97:                              else if(v==1)      // 右に移動
 98:                              {
 99:                          V[s]=V[s]+a*(re[s+1]+gamma*V[s+1]-V[s]);
100:                                      s+=1;
101:                              }
102:                              if(s==grid-1 || s==0)
103:                              {
104:                                      gflag=true;
105:                              }
106:                              repaint();
107:                      }
```

図 4.7 （つづき 3）

```
108:                        repaint();
109:                }
110:                for(int i=1; i<grid-1; i++)
111:                {
112:                        ta.append("V["+i+"]="+V[i]+"\n");
113:                }
114:        }
115://  public void paint(Graphics g)
116://  {
117://          g.drawImage(imgBuf, 0, 0, this);
118://  }
119:    public void update(Graphics g)
120:    {
121:            paint(g);
122:    }
123:    public class MyPanel extends JPanel
124:    {
125:            public void init()
126:            {
127:                    this.setSize((grid+2)*line, 3*line);
128:            }
129:            public void paint(Graphics g)
130:            {
131:                    DecimalFormat df=new DecimalFormat();
132:                    df.applyPattern("0");
133:                    df.setMaximumFractionDigits(7);
134:                    df.setMinimumFractionDigits(7);
135:                    for(int i=1; i<grid; i++)
136:                    {
137:                            str[i]=df.format(V[i]);
138:                    }
139:
140:                    super.paint(g);
```

図 4.7 (つづき 4)

```
141:                        gBuf.setColor(Color.white);
142:            gBuf.fillRect(0, 0, (grid+2)*line,4*line);
143:                        gBuf.setColor(Color.green);
144:                        gBuf.fillRect(line, line, line, line);
145:            gBuf.fillRect(line*grid, line, line, line);
146:                        gBuf.setColor(Color.black);
147:                        for(int i=0; i<V.length; i++)
148:                        {
149:            gBuf.drawRect(line+i*line, line, line, line);
150:                        }
151:gBuf.drawString(" ゴール ", line+line/4, line+line/2-5);
152:gBuf.drawString(" 報酬=0.0", line+line/8, line+line/2+15);
153:gBuf.drawString(" ゴール", line*grid+line/4, line+line/2-5);
154:gBuf.drawString(" 報酬=1.0", line*grid+line/8, line+line/2+15);
155:                        for(int i=1; i<grid-1; i++)
156:                        {
157:gBuf.drawString("S"+i, line*i+line+26, line+line/2+4);
158:                        }
159:gBuf.drawString("episode："+Episode, 10, 20);
160:                        for(int i=1; i<grid-1; i++)
161:                        {
162:    gBuf.drawString(str[i], line*i+line+2, line*2+13);
163:                        }
164:                        gBuf.setColor(Color.blue);
165:    gBuf.fillOval((line*(s+1))+2, line+2, line-4, line-4);
166:                        g.drawImage(imgBuf, 0, 0, this);
167:                }
168:        }
169:}
```

図 4.7 （つづき 5）

【解説】

Javaアプレットプログラムを実行すると，**図4.8**（a）に示す初期画面が表示され，［Start］ボタンをクリックすると学習を開始する。丸い形状はエージェントを示しており，左右どちらかの行動を選択し次の状態，すなわち左右どちらかのマスに移動する。各マスの下部に状態価値関数の値が表示される。

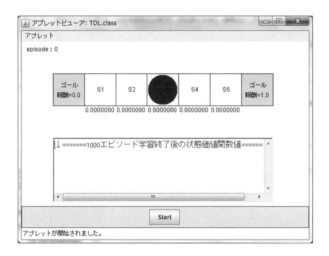

（a）初期画面

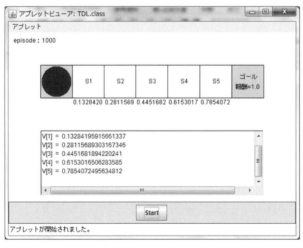

（b）学習後の画面

図4.8 1次元行動TD学習のJavaアプレット実行例

学習が終了したとき，図（b）のようにテキストフィールドにそれぞれの状態の状態価値関数の値が表示される。

図 4.7 のプログラムの 7 行で，クラス名が TDL であるアプレットプログラムであることを指定している。9 〜 31 行では，アプレットの各種設定，マスの数，エピソード数などの初期設定を行っている。33 行の public void init( ) からアプレットによる処理を開始し，73 行までレイアウトやボタンの設定，状態価値関数，報酬の初期化，実行の制御を行っている。配列 V[　] に状態価値関数を格納し，更新していく。初期値はいずれも 0.0 とする。配列 re[　] に報酬を格納する。

75 行の public void run( ) が学習処理の本体である。77 行でエピソード数処理を繰り返す指定をしている。ここではエピソード数 epi は 1 000 に設定されている。現在の状態 s における方策に従って行動を選択するために 91 行で移動方向 v をランダムに選択する。移動方向 v が 0 のとき，左に移動し更新式を計算し，状態 s を − 1 する。更新式は 94 行で V[s] = V[s] + a*(re[s − 1] + gamma*V[s − 1] − V[s]); によって計算される。右に移動する場合は状態 s を + 1 し，更新式を 99 行で V[s] = V[s] + a*(re[s + 1] + gamma*V[s + 1] − V[s]); として計算する。

102 〜 105 行において，左右どちらかのゴールに到達したかどうかのチェックを行う。報酬は右のゴールに到達したときのみ 1.0 が与えられる。110 〜 113 行で状態価値関数を表示するための処理を行う。115 〜 118 行の public void paint（Graphics g）では丸いエージェントの形を画像に置き換える場合に Image の処理を行うが，コメントになっている。119 行以後はアプレットに描画するための処理を行っている。　　　　　　　　　　　　　　　　　　　　　♠

4.4.3　Q 学習（Q-learning）

TD 学習では，状態に対する評価を見積もるのに対し，Watkins が提案した Q 学習は状態と行動の組に対する評価を見積もる。この評価値を「Q 値」とよび，状態と行動の組から評価を導く関数を「Q 関数」とよぶ。そこで，状態価

値関数に対して，エージェントの行動まで含めた表現として行動価値関数（action-value function）を導入する．行動価値関数は $Q^\pi(s, a)$ と書き，方策 π のもとで状態 s において行動 a をとることの価値を表す（図 4.9）．$Q^\pi(s, a)$ は状態 s において行動 a をとり，その後は，方策 π に従って行動したときの期待報酬として定義できる．

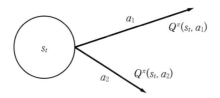

図 4.9　Q 学習における行動価値関数

ここで，最適行動価値関数という考え方を導入する．

$$Q^*(s, a) = \max_\pi Q^\pi(s, a) \quad (\forall s \in S, \forall a \in A) \tag{4.6}$$

この式で $Q^*(s, a)$ は，状態 s において行動 a をとった報酬と，その後も最適状態価値関数を最大化する行動をとったときに得られる期待報酬との和に等しい．もし，この $Q^*(s, a)$ を求めることができれば，エージェントにとって最適な行動は任意の状態において $Q^*(s, a)$ を最大にするような行動をとり続ければよいが，実際には $Q^*(s, a)$ を計算できない場合が多い．Q 学習は，この $Q^*(s, a)$ の推定値 $Q(s, a)$ を逐次的に更新し，最適行動価値関数に近づけようとする手法である．

状態 s_t において行動 a_t をとって状態 s_{t+1} に遷移し，報酬 r_{t+1} が得られたとする．このとき，Q 値の更新式は以下のとおりとなる．

$$Q(s_t, a_t) \longleftarrow Q(s_t, a_t) + \alpha[r_{t+1} + \gamma \max Q(s_{t+1}, a) - Q(s_t, a_t)] \tag{4.7}$$

ここで，TD 法と異なるのは，状態 s_t から状態 s_{t+1} に遷移したときの行動価値が行動 a の種類の数だけ存在し，Q 値も同様に計算される（図 4.8）．

式 (4.7) における $\gamma \max Q(s_{t+1}, a)$ の max は，図中の複数の Q 値の中から最大値のものを選ぶことを示している．このような考え方をグリーディ方策とよび，行動価値から最大のものを選択する．γ は割引率を表す．

しかしながら，学習途中でさまざまな経験をするにはグリーディ方策は，偏った行動選択をしすぎる。そこで，ある確率のランダム性をもたせるために以下の方法をとる。

- ε グリーディ方策
- 小さな確率 ε でランダムに行動選択
- それ以外はグリーディ方策

このような仕組を取り入れることにより，柔軟に行動選択することが可能となる。

以下の例によって確認してみる。

【例 4.2】

図 4.10 に示す 3 状態の 1 次元環境における行動 Q 学習において，s_2 を開始状態として行動 a_0 を選択した場合の Q 値の更新がどのように行われるか計算しなさい。ただし，状態と行動による Q 値はすでに計算され，Q 値のテーブルに設定されているものとする。

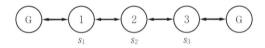

図 4.10　3 状態の 1 次元環境における行動 Q 学習

＜処理条件＞

1. 状態は $s_1 \sim s_3$ の 3 状態と左右のゴール状態で，初期状態は s_2 とする。
2. 行動 a_0 は左方向へ 1 ステップ移動，行動 a_1 は右方向へ 1 ステップ移動を表すものとする。
3. 次の状態の報酬はすべて 0.0 とする。
4. 学習率 $\alpha = 0.1$，割引率 $\gamma = 0.9$ とする。
5. 時刻 0 における Q 値は，図 4.11 に示す値にすでに計算されているとする。
6. 状態，行動のペアである (s_2, a_0) の Q 値 0.7 がどのように更新されるかを計算する。

4.4 強化学習の方法論

時刻 0

行動＼状態	s_1	s_2	s_3
a_0	0.5	0.7	0.3
a_1	0.1	0.6	0.8

図 4.11 Q 値の初期テーブル

【解説】

図 4.11 に示すようにエージェントは s_2 からスタートし，両サイドのどちらかのゴールに到達することを目的とする。このときの Q 値がすでにわかっており，初期状態から次の時刻 1 に遷移する場合の Q 値は**図 4.12** のように計算される。

時刻 0

行動＼状態	s_1	s_2	s_3
a_0	0.5	0.7	0.3
a_1	0.1	0.6	0.8

時刻 1

行動＼状態	s_1	s_2	s_3
a_0	0.5	0.675	0.3
a_1	0.1	0.6	0.8

図 4.12 状態 s_2 において行動 a_0 を選択した場合の Q 値の更新

$$Q(s_2, a_0) \longleftarrow Q(s_2, a_0) + \alpha[r_1 + \gamma \max Q(s_1, a) - Q(s_2, a_0)]$$
$$= 0.7 + 0.1[0.0 + 0.9 * 0.5 - 0.7] = 0.675 \quad (4.8)$$

ここで，$\gamma \max Q(s_1, a)$ は状態 s_1 におけるとり得る Q 値の最大値であるので，(s_1, a_0) の 0.5 が選択される。よって，時刻 0 から時刻 1 に遷移することによって Q テーブルにおける (s_1, a_0) の値は 0.7 から 0.675 に更新される（図 4.12）。

ここでは，s_2 において行動 a_0 を行う場合の Q 値の更新が行われている。s_2 からどちらの方向に行動しても報酬は得られないので，r の値は 0.0 となる。

【例 4.3】

図 4.13 に示す 5 状態の 1 次元環境における Q 学習において，s_3 を開始状態とする 1 次元行動 Q 学習を java プログラムで実行しなさい。

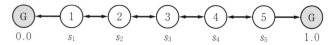

図 4.13　5 状態の 1 次元環境における行動 Q 学習

<処理条件>

1. 状態は $s_1 \sim s_5$ の 5 状態と左右のゴール状態で，初期状態は s_3 とする。
2. 右ゴールの報酬を 1.0，左ゴールの報酬を 0.0 とする。
3. その他の状態の報酬はすべて 0.0 とする。
4. 1 エピソードはゴールに達するまでとする。
5. 各状態の Q 値の初期値は 0.0 とする。
6. 左右のゴールの Q 値は 0.0 とする。
7. エージェントの方策は ε グリーディとする。
8. 図 4.14 に示す 1 次元行動 Q 学習の Java プログラムを利用する。

```
1:import java.util.*;
2:class Q_learning {
3:     public static void main(String args[]) {
4:           Random rr=new Random(1);   //乱数生成クラス
5:        int episodes=100000; // エピソード数 ( 学習回数 )
6:        double alpha=0.01;     // 学習率 α
7:        double gamma=0.9;      // 割引率 γ
8:        double e=0.1;          // ε グリーディ係数 (確率 ε でランダム選択)
9:        int s,next_s;          // 現在の状態 s と次状態 next_s
10:       int a;                 // 選択する行動 (a=0 右へ，a=1 左へ)
11:       double r;              // 報酬 r
12:       double Q[][]=new double[7][2];   //s0~s5 の状態における Q 値
```

図 4.14　1 次元行動 Q 学習の Java プログラム

```
13:        double maxQ;              // Q値の更新に使う次状態の最大Q値
14:        for(int i=0;i<=6;i++){
15:             Q[i][0]=Q[i][1]=0.0; //各状態の初期Q値は全て0.0
16:        }                          // ゴール状態のQ値は常に0.0
17:        System.out.println("=======   学習前の行動価値関数値
18:                           =======");
19:        for(int i=1;i<=5;i++){
20:             System.out.print(" Q(s" + i + ",左)=");
21:             System.out.print(Q[i][0]);
22:             System.out.print(" Q(s" + i + ",右)=");
23:             System.out.println(Q[i][1]);
24:        }
25:        System.out.println();
26:        //学習
27:        for(int epi=0;epi<=episodes;epi++) {
28:             s=3;                 // 初期状態は状態3
29:             while(true){         // ゴールに到達するまでが1エピソード
30:                if(rr.nextDouble()<=e){
31:                                   // 乱数がε以下ならランダムに行動決定
32:                    if(rr.nextDouble()>=0.5) a=0;
33:                                   // 乱数が0.5以上ならば左へ移動
34:                    else                    a=1;
35:                                   // 乱数が0.5未満ならば右へ移動
36:                }
37:                else{
38:                    if(Q[s][0]>Q[s][1])a=0;
                                       // グリーディ方策で行動決定
39:                    else if(Q[s][0]<Q[s][1]) a=1;
40:                                   //Q値が大きいほうの行動を選択
41:                    else {
                       //Q[s][0]＝Q[s][1]のときはランダムに移動
42:                        if(rr.nextDouble()>=0.5) a=0;
43:                                   // 乱数が0.5以上ならば左へ移動
```

図4.14 （つづき1）

```
44:                   else       a=1;
45:                              // 乱数が 0.5 未満ならば右へ移動
46:              }
47:         }
48:         if(a==0)next_s=s-1;   //( 次の状態を next_s)
49:         else    next_s=s+1;   //( 次の状態を next_s)
50:         // 行動価値関数の更新
51:         if(next_s==6) r=1.0;  // 報酬
52:         else    r=0.0;
53:         if(Q[next_s][0]>Q[next_s][1]) maxQ=Q[next_s][0];
54:                                       //maxQ の決定
55:         else                  maxQ=Q[next_s][1];
56:         Q[s][a]=Q[s][a]+alpha*(r+gamma*maxQ-Q[s][a]);
57:                                       //Q 値の更新式
58:         if(next_s==0 || next_s==6) break;  // エピソード終了
59:         s=next_s;             // 次の時刻へ
60:         }
61:    }
62:    System.out.println("=======" + episodes + " エピソード学
63:                       習終了後の行動価値関数値 =======");
64:    for(int i=1;i<=5;i++){
65:         System.out.print("  Q(s" + i + ",左)=");
66:         System.out.print(Q[i][0]);
67:         System.out.print("  Q(s" + i + ",右)=");
68:         System.out.println(Q[i][1]);
69:    }
70:    }
71: }
```

図 4.14 （つづき 2）

【解説】
このプログラムでは配列 Q[ ][ ] に行動価値関数を格納し，更新していく。初期値はいずれも 0.0 とする。ここでは，ゴールの行動価値も格納する。各（状態，行動）のペアに対する行動価値関数値，すなわち Q 値は学習を重

ねることによって更新される。

上記のプログラムを実行した結果の例を図4.15示す。

```
======= 学習前の行動価値関数値 =======
Q(s1,左)=0.0  Q(s1,右)=0.0
Q(s2,左)=0.0  Q(s2,右)=0.0
Q(s3,左)=0.0  Q(s3,右)=0.0
Q(s4,左)=0.0  Q(s4,右)=0.0
Q(s5,左)=0.0  Q(s5,右)=0.0

=======100000エピソード学習終了後の行動価値関数値=======
Q(s1,左)=0.0           Q(s1,右)=0.6004411702151319
Q(s2,左)=0.425471845639997387  Q(s2,右)=0.7289999999999981
Q(s3,左)=0.6560999999999775    Q(s3,右)=0.8099999999999985
Q(s4,左)=0.7289999999999981    Q(s4,右)=0.8999999999999895
Q(s5,左)=0.8099999999999985    Q(s5,右)=0.9999999999999944
```

図4.15 javaプログラム実行例

プログラムの2行でクラス名がQ学習のプログラムであることを指定している。4～11行では，乱数生成クラスの指定，エピソード数，学習率，割引率，εグリーディの係数，現在の状態，次状態，選択する行動，報酬のために使用する変数を定義している。

12行はQテーブルの宣言を行っているが，5状態と2つのゴールの7つの要素と左右の行動のための2つの要素による2次元配列によって，Q値を保存する。13行はQ値の更新式で用いるmaxQのための変数を宣言している。19～25行ではQテーブルの初期化と表示を行っている。

26～61行が，エピソード数のループ処理によるQ学習を行っている部分である。初期状態3を開始とし，ゴールに到達するまでを1エピソードとする。乱数を発生させ，ε以下であればランダムに行動を決定し，εよりも大きければグリーディ方策によって行動を決定する。すなわち，30～47行では行動a=0（左へ移動）か，行動a=1（右へ移動）を方策によって決定している。

48，49行では，aの値に従って次状態を決めnext_sを決める。すなわち，s_3から始めた場合は，a=0のときs_2を次状態とし，a=1のときs_4を次状態とする。

51，52行は次状態が6，すなわち右のゴールの場合報酬を1.0とし，それ以

外の場合報酬を 0.0 とする。53〜55 行において maxQ を決定し，56 行において Q 値の更新式により Q 値を計算し，Q テーブルに格納する。

58 行では次状態が左右どちらかのゴールであるかどうかの判定を行い，ゴールであればエピソードを終了する。59 行においてゴールに到達していない場合，現在の状態を次状態に設定し直し，再度学習処理を行う。62〜69 行では，学習後の Q テーブルの値を表示している。

以上のように，この例では同じ環境においてエピソード数，学習率，割引率，グリーディ係数を変化させ，Q 学習の振る舞いを見ることができる。しかし，環境を変化させる場合には，配列の大きさ，初期状態の与え方などの修正が必要である。　　　　　　　　　　　　　　　　　　　　　　　　　　♠

【例 4.4】
図 4.16 に示すような 2 次元 3×3 タイルワールドを学習する Q 学習のプログラムを実行し，行動価値関数の獲得の様子を調べ，表・図にしなさい。ここでは，状態 $s_0 \sim s_8$ を簡略してタイルのマスの番号 0〜8 で表す。

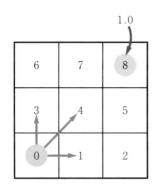

図 4.16　2 次元 3×3 タイルワールド

<処理条件>
1. 状態は 0〜8 の 9 状態で，初期状態を 0，ゴール状態を 8 とする。
2. ゴールに到達したとき，報酬 1.0 を得るとする。
3. 行動は 0（右へ），1（上へ），2（右斜め上へ），の 3 種類である。
4. 各状態におけるすべての行動価値 $Q(s, a)$ の初期値は 0.0 とする。

5. エージェントの方策は ε グリーディとする。
6. 学習率 $\alpha=0.01$，割引率 $\gamma=0.9$，ε グリーディの $\varepsilon=0.1$ の条件で，10エピソード学習時と 500 エピソード学習時の各状態（0 〜 7）における各行動（右，上，右斜め上）の Q 値をまとめ表にする。
7. まとめた表中で，おのおのの状態におけるグリーディ行動（最も Q 値が大きい行動）をタイルワールドに図示しなさい（ただし，3 つの行動のQ 値がすべて 0.0 のままの状態については，図示しなくてもよい）。
8. 図 4.17 に示す Q 学習 Java プログラムを利用する。

```
1:import java.util.*;
2:public class Qtile {
3:    public static void main(String args[]) {
4:        Random rr=new Random(1);   //乱数生成クラス
5:        int n=9;                   // 状態数（0〜8）
6:        int episodes=10;           // エピソード数（学習回数）
7:        double alpha=0.01;         // 学習率α
8:        double gamma=0.9;          // 割引率γ
9:        double e=0.1;              //εグリーディ係数(確率εでランダム選択)
10:       int s,next_s;              // 現在の状態sと次状態next_s
11:       int a;      // 選択する行動(a=0 右へ，a=1 上へ，a=2 右斜め上へ)
12:       double r;                  // 報酬r
13:       double Q[][]=new double[n][3];
14:                    //0〜8の状態におけるQ値(Q[8][]はゴール)
15:       double maxQ;     //Q値の更新に使う次状態の最大Q値
16:       for(int i=0;i<n;i++){
17:           Q[i][0]=Q[i][1]=Q[i][2]=0.00;
                              // 各状態の初期Q値はすべて0.0
18:       }                   // ゴール状態のQ値は常に0.0
19:       for(int epi=0;epi<=episodes;epi++) {
20:           s=next_s=0;                       // 初期状態は状態0
21:           while(true){   // ゴールに到達するまでが1エピソード
22:               if(rr.nextDouble()<=e){
```

図 4.17　2 次元 3×3 タイルワールド用 Q 学習の Java プログラム

```
23:                        // 乱数が ε 以下ならランダムに行動決定
24:                        if(rr.nextDouble()<=(1.0/3.0)) a=0;
25:                            // 乱数が 1/3 以下ならば右へ移動
26:                        else if(rr.nextDouble()<=(2.0/3.0)) a=1;
27:                            // 乱数が 1/3 から 2/3 ならば上
28:                        else                        a=2;
29:                            // 乱数が 2/3 以上ならば斜め上へ移動
30:                    }
31:                    else{
32:                        if(Q[s][0]>Q[s][1] &&Q[s][0]>Q[s][2] ) a=0;
33:                            // グリーディ方策で行動決定
34:                        else if(Q[s][1]>Q[s][0]&&Q[s][1]>Q[s][2]) a=1;
35:                        else if(Q[s][2]>Q[s][0]&&Q[s][2]>Q[s][1]) a=2;
36:                        else {    //Qに違いのないときはランダムに移動
37:                            if(rr.nextDouble()<=(1.0/3.0)) a=0;
38:                                // 乱数が 1/3 以下ならば右へ移動
39:                            else if(rr.nextDouble()<=(2.0/3.0)) a=1;
40:                                // 乱数が 1/3 から 2/3 ならば上
41:                            else                    a=2;
42:                                // 乱数が 2/3 以上ならば斜め上へ移動
43:                        }
44:                    }
45:                    if(a==0){    //(行動が→の場合の次状態 next_s)
46:                        next_s=s+1;
47:                        if(s==2||s==5) next_s=s;//壁(2,5から右は行けない)
48:                    }
49:                    if(a==1){    //(行動が↑の場合の次状態 next_s)
50:                        next_s=s+3;
51:                        if(next_s>8) next_s=s;
                            // 壁 (次状態が 9 以上なら上はダメ)
52:                    }
53:                    if(a==2){    //(行動が斜めの場合の次状態 next_s)
54:                        next_s=s+4;
```

図 4.17 (つづき 1)

```
55:              if(s==2||s==5||next_s>8) next_s=s;//壁
56:            }
57:            // 行動価値関数の更新
58:            if(next_s==n-1) r=1.0;   // 報酬
59:                else r=0.0;
60:            maxQ=Q[next_s][0];  // 更新式用のmaxQの生成
61:            for(int j=1;j<3;j++){
62:                if(Q[next_s][j]>maxQ) maxQ=Q[next_s][j];
63:            }
64:            Q[s][a]=Q[s][a]+alpha*(r+gamma*maxQ-Q[s][a]);
65:                                              //Q値の更新式
66:            if(next_s==n-1) break;    // エピソード終了
67:              s=next_s;         // 次の時刻へ
68:         }
69:      }
70:      // 画面出力
71: System.out.println("==="+episodes+"エピソード学習終了後の行動
72:               価値関数値 ===");
73:      for(int i=0;i<n-1;i++){
74:          System.out.print(" Q(s"+i+",→)=");
75:          System.out.print(Q[i][0]);
76:          System.out.print("  Q(s"+i+",↑)=");
77:          System.out.print(Q[i][1]);
78:          System.out.print("   Q(s"+i+",╱)=");
79:          System.out.println(Q[i][2]);
80:      }
81:   }
82: }
```

図 4.17 (つづき 2)

【解説】

　Q関数の表現方法はさまざまあるが，最も単純な方法は，すべての状態と行動の組合せについてテーブルを作成する方法である．当然ながら扱う行動の次

元が増加するとテーブルのサイズも大きくなり，大規模な問題領域ではコンピュータの記憶領域に影響される場合もある。

例4.4では次元を増やして2次元にすることで，どのようにQ関数を設定すべきかを学ぶ。

図4.18に示すような2次元のマス目を移動するような問題をタイル問題という。

ここで，エージェントは0をスタート地点とし8をゴールとする。ゴールに到達した場合，報酬として1.0を得ることができる。

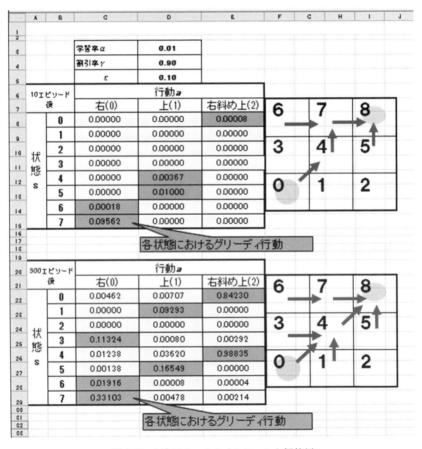

図4.18　2次元3×3タイルワールド解答例

図4.17のプログラムの行2で，クラス名がタイル用のQ学習のプログラムであることを指定している。4〜12行では，乱数生成クラスの指定，エピソード数，学習率，割引率，εグリーディの係数，現在の状態，次状態，選択する行動，報酬のために使用する変数を定義している。行13はQテーブルの宣言を行っている。15行はQ値の更新式で用いるmaxQのための変数を宣言している。16〜18行ではQテーブルの初期化を行っている。

19〜69行が，エピソード数のループ処理によるQ学習を行っている部分である。初期状態0を開始とし，ゴールに到達するまでを1エピソードとする。乱数を発生させ，ε以下であればランダムに行動を決定し，εよりも大きければグリーディ方策によって行動を決定する。すなわち，32〜43行では行動 $a=0$（右へ移動）か，行動 $a=1$（上へ移動）か，行動 $a=2$（斜め上へ移動）を方策によって決定している。

45〜56行ではaの値に従って次状態を決め，next_sを決める。58，59行は次状態が8，すなわち右上のゴールの場合報酬を1.0とし，それ以外の場合報酬を0.0とする。60〜63行においてmaxQを決定し，64行においてQ値の更新式によりQ値を計算し，Qテーブルに格納する。66行では次状態がゴールであるかどうかの判定を行い，ゴールであればエピソードを終了する。67行においてゴールに到達していない場合，現在の状態を次状態に設定し直し，再度学習処理を行う。70〜80行では，学習後のQテーブルの値を表示している。

♠

4.5 演　　習

【4.1】

図4.19に示す1次元行動TD(0)学習のJavaプログラムを実行し，エピソード数を変化させて状態価値関数の変化を調べ，Excelを用い表とグラフにまとめよ。

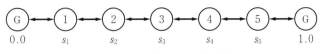

図 4.19　1次元行動 TD(0)学習

環境は例と同じように5状態と左右に2ゴールであり，初期状態を s_3 とする。基本的な処理条件は同様とする。

<処理条件>

1. 学習率 $\alpha=0.01$，割引率 $\gamma=1.0$ のとする。
2. 100エピソード学習時の各状態（$s_1 \sim s_5$）の状態価値関数値を調べる。
3. 1 000エピソード学習時の各状態（$s_1 \sim s_5$）の状態価値関数値を調べる。
4. 10 000エピソード学習時の各状態（$s_1 \sim s_5$）の状態価値関数値を調べる。
5. 100 000エピソード学習時の各状態（$s_1 \sim s_5$）の状態価値関数値を調べる。
6. 図4.20に示す Java プログラムを実行し，状態価値関数値を表示させる。
7. Excel を用いて，表とグラフを作成する。

```
1:import java.io.*;
2:import java.util.*;
3:public class TD_0 {
4:    public static void main(String args[])throws IOException{
5:        Random rr=new Random(1);    //乱数生成クラス
6:        int episodes=10;         // エピソード数（学習回数）
7:        double alpha=0.01;       // 学習率α
8:        double gamma=1.0;        // 割引率γ
9:        int s,next_s;            // 現在の状態 s と次状態 next_s
10:       double r;                // 報酬 r
11:       double V[]=new double[7];
12:                //s1~s5の状態価値関数（V[0],V[6]は左右のゴール）
13:       V[1]=V[2]=V[3]=V[4]=V[5]=0.00;  // 各状態の初期状態価値は 0.0
14:       V[0]=V[6]=0.00;                 // ゴール状態の状態価値は 0.0
15:       System.out.println("======= 学習前の状態価値関数値
```

図 4.20　1次元行動 TD(0)学習の Java プログラム

```
16:            =======");
17:       for(int i=1;i<=5;i++){
18:          System.out.print(" V(s" + i + ")= ");
19:          System.out.println(V[i]);
20:       }
21:       System.out.println();
22:       //学習
23:       for(int epi=0;epi<=episodes;epi++) {
24:          s=3;              // 初期状態は状態3
25:          while(true){      // ゴールに到達するまでが1エピソード
26:             if(rr.nextDouble()>=0.5) next_s=s+1;
27:                               // 乱数が0.5以上ならば右へ移動
28:             else              next_s=s-1;
29:                               // 乱数が0.5未満ならば左へ移動
30:             // 状態価値関数の更新
31:             if(next_s==6) r=1.0;   // 報酬
32:                else r=0.0;
33:             V[s]=V[s]+alpha*(r+gamma*V[next_s]-V[s]);
34:                                   // 状態価値の更新式
35:             if(next_s==0||next_s==6)break;   // エピソード終了
36:             s=next_s;   // 次の時刻へ
37:          }
38:       }
39:       System.out.println("=======" + episodes +
40:       "エピソード学習終了後の状態価値関数値 =======");
41:       for(int i=1;i<=5;i++){
42:          System.out.print(" V(s" + i + ")= ");
43:          System.out.println(V[i]);
44:       }
45:    }
46: }
```

図 4.20 (つづき 1)

【4.2】

【4.1】の TD(0) 学習とまったく同じ条件でプログラムを実行し，学習率の変化による，状態 s_5 だけの状態価値関数の変化を調べ，図 4.18 に示すような Excel を用い表とグラフにまとめよ．

＜処理条件＞

1. 割引率 $\gamma = 1.0$ とする．
2. 学習率 $\alpha = 0.01$，$\alpha = 0.1$，$\alpha = 0.5$ のそれぞれについて以下を調べる．
3. 100 エピソード学習時の状態 s_5 の状態価値関数値を調べる．
4. 1 000 エピソード学習時の状態 s_5 の状態価値関数値を調べる．
5. 10 000 エピソード学習時の状態 s_5 の状態価値関数値を調べる．
6. 100 000 エピソード学習時の状態 s_5 の状態価値関数値を調べる．
7. Excel を用いて，表とグラフを作成する．

【4.3】

図 4.14 の Q 学習のプログラムを実行し，以下の条件での行動価値関数の変化を調べ，表とグラフにしなさい．

＜処理条件＞

1. 学習率 $\alpha = 0.01$，割引率 $\gamma = 0.9$，ε グリーディ方策の $\varepsilon = 0.1$ は固定する．
2. 1 000 エピソード，2 000 エピソード，5 000 エピソード，10 000 エピソード，50 000 エピソード学習時の各状態（$s_1 \sim s_5$）における各行動（$a_0 \sim a_1$）の Q 値を表にすること．
3. 各状態（$s_1 \sim s_5$）をパラメータとして，横軸にエピソード数，縦軸に Q 値をとったグラフを作成すること．

【4.4】

図 4.14 の Q 学習のプログラムを実行し，以下の条件での行動価値関数の変化を調べ，表とグラフにしなさい．

＜処理条件＞

1. 学習率 $\alpha = 0.01$，割引率 $\gamma = 0.9$ は固定．
2. ε グリーディ方策の ε による学習の変化を調べる．

3. 状態 s_3 における行動 a_0 の価値関数値 $Q(s_3, a_0)$ を $\varepsilon=0.1$, $\varepsilon=0.3$, $\varepsilon=0.5$, $\varepsilon=1.0$ のそれぞれについて，1 000 エピソード，2 000 エピソード，5 000 エピソード，10 000 エピソード学習時で表にまとめる．

4. $\varepsilon=0.1$, $\varepsilon=0.3$, $\varepsilon=0.5$, $\varepsilon=1.0$ をパラメータとして，横軸にエピソード数，縦軸に Q 値をとったグラフを作成すること．

遺伝的アルゴリズム入門

 本章では,遺伝的アルゴリズム (genetic algorithm) という適応的問題解決アルゴリズム (adaptive problem solver algorithm) について解説する.はじめに,遺伝的アルゴリズムの原理を概説し,次に,アルゴリズムの流れ,簡単な問題への適用方法を紹介する.その後,一般的な問題への適用例として,ナップサック問題を取り上げ,章末には演習を付け加える.

5.1 遺伝的アルゴリズムの原理

 J. H. Holland は,1975 年に著した Adaptation in Natural and Artificial Systems の中で,生物システムがもつ環境適応力 (environmental adaptation) を情報処理における問題解決 (problem solving) に応用することを理論的に示した.以来,遺伝的アルゴリズムとして知られるようになり,今日に至っている.

 遺伝的アルゴリズムは,生物システムにおいて,環境適応の原理の一つとして知られる「遺伝」を情報処理システムに応用したもので,システム内に遺伝子情報 (genetic information) に基づく個体を表現し,個体がつくる集団が環境適応しながら世代を重ねて進化していくことにより,問題解決するシステムである.各個体は,適応度 (fitness) とよばれる個体が環境に適応している程度を示す評価値をもっていて,世代が交代する際に適応度の高い個体が高い確率で選ばれ,子孫を残す機会が与えられる.世代交代の際に,生物システム同様,遺伝的操作 (genetic operations) が行われる.交叉 (crossover) と突然変異 (mutation) がそれで,個体を記述する遺伝子に直接作用する.

5.2 遺伝的アルゴリズムの流れ

遺伝的アルゴリズムの流れは，集団サイズをNとした場合

Step 1　N個の個体（エージェント）をランダムに生成
Step 2　N個の個体すべての適応度計算
Step 3　適応度により個体を選択
Step 4　交叉により子個体生成
Step 5　突然変異により子個体生成
Step 6　新しく生成されたN個体で次世代を構成
Step 7　終了条件までStep 2に戻る

として，表すことができる。

情報処理システムにおいて，遺伝子は，0と1からなるビットストリングで表すのが一般的である（図5.1）。

図5.1　情報処理システムの遺伝子

各遺伝子から発生した個体は，環境の中でそれぞれ行動をすることで，適応度を得ることができる。この際に，環境により適応した行動をした個体が高い適応度を得ることができる（図5.2）。

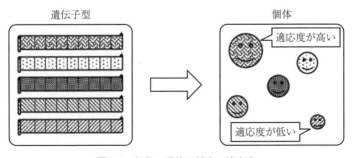

図5.2　個体の環境に対する適応度

5. 遺伝的アルゴリズム入門

環境の中で各個体が適応度を得ると,「選択」とよばれる適応度に応じて次世代集団の個体を選び出す操作が行われる.適応度が高い個体ほど,選択される確率が高い.選択には,ルーレット選択,ランク選択,トーナメント選択,エリート保存選択などがある.ここでは,ルーレット選択とエリート保存選択について解説する(図5.3).

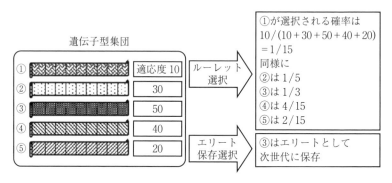

図5.3 ルーレット選択とエリート保存選択

ルーレット選択は,まず,集団内の個体がもつ適応度の総和を求めて分母とし,各個体の適応度を分子とした選択確率を計算する.すなわち,各個体は適応度に応じた選択確率をもつことになる.ルーレット盤には,選択確率に比例した面積を割り当て,集団サイズ N 回ルーレットを回し,次世代に残る遺伝子を選択する.

一方,エリート保存選択は,集団の中で,最も適応度が高い個体を必ず次世代に残す手法である.この選択は単独ではなく,他の手法と組み合わせて用いられる.適応度が高い個体が,確率的可能性として,消滅することを排除する考え方である.しかし,局所最適解に収束する危険性があることが指摘されている.

交叉は,2つの遺伝子が遺伝情報を交換して子孫を残す操作で,一点交叉,多点交叉などがある.ここでは一点交叉について説明する.

一点交叉は,2つの親遺伝子を任意の遺伝子番号の1つを確率的に選択し,遺伝子を切断する.切断された遺伝子の後方を交換して接続し,2つの子遺伝

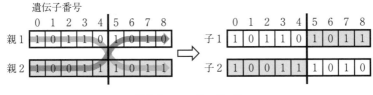

図 5.4　一　点　交　叉

子を得る交叉方法である（**図 5.4**）。

一点交叉で得られた子遺伝子は，親 1 と親 2 の遺伝情報をそれぞれもっているため，遺伝子の多様性が確保される。ただし，例えば，集団の中の遺伝子のある遺伝子番号の情報がすべて 1 である場合，何回交叉を繰り返してもその遺伝子番号の値が変化することはない。すなわち，その遺伝子番号の情報が 0 であるときに最適であるような問題では，最適解を得ることはできない。

突然変異は，遺伝子の遺伝情報が突発的に変化することを想定した遺伝的操作である。選択と交叉を終えた遺伝子から確率的にいくつかの遺伝子を抽出し，その遺伝子の遺伝情報を書き換えることで行われる（**図 5.5**）。選択と交叉だけでは，どのようにしても得ることができない遺伝情報をもつ子孫を残すことができる。すなわち，集団の多様性がさらに広がり，目的の解に近づく可能性が高くなる。

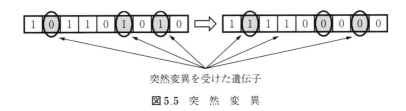

突然変異を受けた遺伝子

図 5.5　突　然　変　異

5.3　遺伝的アルゴリズムによる簡単関数の最小化

遺伝的アルゴリズムによって問題解決する例として，簡単関数の最小化問題を取り上げる。簡単関数の最小化問題は，ある関数 $F(x)$ において関数 $F(x)$

の値が最小（または最大）となるxの値を特定する問題である．例えば，式(5.1)で表される関数$F(x)$が最小となるxの値を求めるのが，最小化問題である．このときxの値は，$x=1$であることは，計算によって簡単に求めることができる．

$$F(x) = x^2 - 2x + 1 \qquad (0 \leq x \leq 2) \tag{5.1}$$

【例 5.1】

p.148 の式 (5.2) で表される関数 $F(x)$ を，最大化する変数 $a_i \in \{0, 1\}$ の組合せを遺伝的アルゴリズムを実装した Java プログラム GA1（図 5.6）によって求めよ．ただし，処理条件に従って設定値，遺伝的操作を定め，結果をグラフと表に表示せよ．

```
1:import java.util.*;
2:public class GA1 {
3:  public static void main(String args[]) {
4:    int Generation=40;  // 最大世代数
5:    int gen_length=10;  // 遺伝子の長さ
6:    int population=5;   // 集団サイズ
7:    int agent[][]=new int[population][gen_length];
       // 集団内のエージェントの遺伝子型
8:    int next_agent[][]=new int[population][gen_length];
       // 次世代のエージェントの遺伝子型
9:    int fitness[]=new int[population];  // 各エージェントの適応度
10:     int elite, elite_fitness;  // エリート個体とその適応度
11:     int parent1, parent2, position;  // 遺伝子操作用変数
12:     Random random=new Random(1);     // 乱数発生クラス
13:     // 初期集団の生成（ランダム）
14:     for(int i=0;i<population;i++) {
15:       for(int j=0;j<gen_length;j++) {
16:         if(random.nextDouble()<=0.5)
17:           agent[i][j]=0;
18:         else
```

図 5.6　Java プログラム GA1

```
19:            agent[i][j]=1;
20:        }
21:    }
22:    System.out.println("====初期集団====");
23:    for(int i=0;i<population;i++) {
24:      System.out.print("個体 "+i+"=");
25:      for(int j=0;j<gen_length;j++)
26:        System.out.print(agent[i][j]);
27:      System.out.println();
28:    }
29:    System.out.println(
           "==世代毎のエリート個体と平均の適応度==");
30:    //「進化のメインループ」
31:    for(int n=0;n<Generation;n++) {
32:      // 適応度の計算 「遺伝子の適応度と集団の平均適応度」
33:      for(int i=0;i<population;i++) {
34:        fitness[i]=0;
35:        for(int j=0;j<7;j++)
36:          fitness[i]=fitness[i]+agent[i][j];
37:        for(int j=7;j<gen_length;j++)
38:          fitness[i]=fitness[i]-agent[i][j];
39:      }
40:      double ave=0.0;
41:      for(int i=0;i<population;i++) {
42:        ave=ave+fitness[i];
43:      }
44:      ave=ave/population;
45:      // 遺伝的操作 「エリート保存選択」
46:      elite=0;
47:      elite_fitness=fitness[0];
48:      for(int i=1;i<population;i++) {
49:        if(fitness[i]>elite_fitness) {
50:          elite=i;
```

図 5.6 （つづき 1）

146   5. 遺伝的アルゴリズム入門

```
51:             elite_fitness=fitness[i];
52:           }
53:         }
54:         // エリートの適応度と適応度平均の出力
55:         System.out.println(
      "世代数 "+n+", エリートの適応度 "+elite_fitness+", 平均適応
      度 "+ave);
56:         // エリートを次世代にコピー
57:         for(int j=0;j<gen_length;j++) {
58:           next_agent[0][j]=agent[elite][j];
59:         }
60:         // 遺伝的操作 「一点交叉」
61:         parent1=random.nextInt(population);
62:         parent2=random.nextInt(population);
            // 2親をランダムに決定
63:         position=random.nextInt(gen_length-1);
            // 交叉位置をランダムに決定
64:         for(int j=0;j<position;j++) {
65:           next_agent[1][j]=agent[parent1][j];
66:           next_agent[2][j]=agent[parent2][j];
67:         }
68:         // 一点交叉で遺伝子 [1] と [2] の後半を交換
69:         for(int j=position;j<gen_length;j++) {
70:           next_agent[1][j]=agent[parent2][j];
71:           next_agent[2][j]=agent[parent1][j];
72:         }
73:         // 遺伝的操作 「突然変異」
74:         parent1=random.nextInt(population);
            // [3] の親をランダムに決定
75:         for(int j=0;j<gen_length;j++)
76:           next_agent[3][j]=agent[parent1][j];
77:         position=random.nextInt(gen_length);
78:         next_agent[3][position]=1-next_agent[3][position];
```

図 5.6 (つづき 2)

```
 79:       parent1=random.nextInt(population);
           // [4]の親をランダムに決定
 80:       for(int j=0;j<gen_length;j++)
 81:         next_agent[4][j]=agent[parent1][j];
 82:       position=random.nextInt(gen_length);
 83:       next_agent[4][position]=1-next_agent[4][position];
 84:       //「集団の世代交代」
 85:       for(int i=0;i<population;i++) {
 86:         for(int j=0;j<gen_length;j++) {
 87:           agent[i][j]=next_agent[i][j];
 88:         }
 89:       }
 90:     }
 91:     System.out.println("====最終集団====");
 92:     for(int i=0;i<population;i++) {
 93:       fitness[i]=0;
 94:       for(int j=0;j<7;j++)
 95:         fitness[i]=fitness[i]+agent[i][j];
 96:       for(int j=7;j<gen_length;j++)
 97:         fitness[i]=fitness[i]-agent[i][j];
 98:     }
 99:     for(int i=0;i<population;i++) {
100:       System.out.print("個体 "+i+" = ");
101:       for(int j=0;j<gen_length;j++)
102:         System.out.print(agent[i][j]);
103:       System.out.println(", 適応度 = "+fitness[i]);
104:     }
105:   }
106:}
```

図 5.6 (つづき 3)

<処理条件>

1. 変数 a_i は，0 または 1 の値をとることから 1 ビットで表現できる．変数の組を 10 ビットの遺伝子で表現し，1 個体とする．集団のサイズを 5 と

し，世代数を 40 とする。
2. 関数 $F(x)$ の値を適応度とする。
3. 遺伝的操作は，エリート保存選択，一点交叉，突然変異を用いる。
4. 世代ごとのエリート個体の適応度と平均適応度を表す「折れ線グラフ」を作成する。
5. 「初期集団の遺伝子および適応度」と「最終集団の遺伝子および適応度」を表にする。

$$F = \sum_{i=0}^{6} a_i - \sum_{i=7}^{9} a_i \tag{5.2}$$

【解説】
1. 4～6 行で世代数，遺伝子長さ，集団サイズを変数として定義する．7, 8 行目の agent, next_agent が個体の集団を表し，9 行目の fitness は，各個体の適応度を表す．10, 11 行目は，遺伝的操作に必要な変数である．
2. 30～90 行の「進化のメインループ」では，適応度の計算，遺伝的操作，世代交代を順次 40 回繰り返している．32～44 行では，式 (5.2) をもとに「遺伝子の適応度と集団の平均適応度」を計算している．
3. 45～59 行の「エリート保存選択」では，適応度が最も大きい個体を保存する．保存された個体は，次世代の 0 番目の個体となる．60～72 行の「一点交叉」では，集団の中から 2 個体をランダムに選択して親とし，交叉位置もランダムに決定している．交叉してできた 2 個体は，次世代の 1, 2 番目の個体となる．73～83 行の「突然変異」ではランダムに 2 個体を選択し，突然変異が起る遺伝子座もそれぞれランダムに決定している．決定された遺伝子座の値は，1 は 0 に，0 は 1 に反転するように計算される．突然変異した 2 個体は，次世代の 3, 4 番目の個体となる．84～89 行の「集団の世代交代」では，遺伝的操作において生成されたそれぞれの個体を次世代の集団にコピーしている．
4. 54, 55 行目の「エリートの適応度と適応度平均の出力」では，標準出力

に「世代数」,「エリートの適応度」,「平均適応度」を出力している。プログラムを実行し出力結果をコピーして，Excel に貼り付け,「折れ線グラフ」を作成する（図 5.7）。Excel に張り付ける際には，貼付けオプションの「テキストファイルウィザードを使用」を選択する。この例では，適応度の最大値は，7 であり，繰返し計算の結果，適応度が最大値に到達していることがわかる。

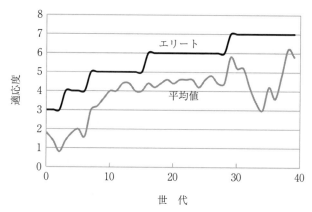

図 5.7　世代ごとのエリート個体と平均適応度（GA1）

5. 22～28 行で「初期集団」, 91～105 行で「最終集団」の出力が行われる。こちらもプログラムを実行し出力結果を表にする（**表 5.1** および **表 5.2**）。ただし，92～98 行で「最終集団」の適応度を計算しているが，「初期集団」の適応度は計算していないので，各自計算してみるとよい。

表 5.1　初期集団の遺伝子および適応度（GA1）

遺伝子番号	遺伝子	適応度
0	1 0 0 0 1 0 1 1 1 1	3
1	0 0 0 1 0 1 1 0 0 0	3
2	1 1 0 1 1 0 0 1 1 0	4
3	1 0 0 0 0 1 1 0 0 0	3
4	0 0 1 0 1 1 0 1 1 0	3

表5.2 最終集団の遺伝子および適応度（GA1）

遺伝子番号	遺伝子	適応度
0	1 1 1 1 1 1 1 0 0 0	7
1	1 1 1 1 1 1 1 0 1 0	6
2	1 1 1 1 1 1 1 0 0 0	7
3	1 1 1 1 1 1 1 1 0 0	6
4	1 0 1 1 1 1 1 0 1 0	5

♠

5.4 遺伝的アルゴリズムによるナップサック問題の解法

ナップサック問題とは，数理計画問題 (mathematical programming problem) のひとつで，「容量 C のナップサックが1つと，n 個の荷物（おのおの，価値 p_i，容積 c_i）が与えられたとき，ナップサックの容量 C を超えない範囲でいくつかの荷物をナップサックに詰め，ナップサックに入れた荷物の価値の和を最大化するにはどの品物を選べばよいか」という問題である。

表 5.3 に示す10個の荷物と，各荷物 i の重量 a_i と価値 c_i がそれぞれ与えられている。ナップサックの容量 b を超えない範囲で，価値の和が最大になるようにナップサックに入れる荷物を決定することを考える。

表5.3 ナップサック問題

荷物 i	0	1	2	3	4	5	6	7	8	9
重量 a_i〔kg〕	3	6	5	4	8	5	3	4	8	2
価値 c_i〔円〕	70	120	90	70	130	80	40	50	30	70

ナップサック問題を定式化すると，式 (5.3)，式 (5.4) のようになる。ここで，x_i は，荷物 i をナップサックに入れるとき 1，入れないとき 0 となる変数である。

$$\text{maximize} \sum_{i=0}^{9} c_i x_i \tag{5.3}$$

$$\text{subject to} \begin{cases} (1) & \sum_{i=0}^{9} a_i x_i \leq b \\ (2) & x_i = 0 \text{ or } 1 \end{cases} \tag{5.4}$$

【例 5.2】

表 5.3 で表されるナップサック問題を遺伝的アルゴリズムを実装した Java プログラム GA2（図 5.8）によって求めよ．ただし，処理条件に従って設定値，遺伝的操作を定め，結果をグラフと表に表示せよ．

```
1:import java.util.Random;
2:public class GA2 {
3:   public static void main(String args[]) {
4:     Random random=new Random(1); // 乱数発生クラス
5:     int Generation=100; // 最大世代数
6:     int agent[][]=new int[10][10];
       // 集団内のエージェントの遺伝子型
7:     int next_agent[][]=new int[10][10];
       // 次世代のエージェントの遺伝子型
8:     int fitness[]=new int[10]; // 各エージェントの適応度
9:     int elite, elite_fitness;   // エリート個体とその適応度
10:     int parent1, parent2, position; // 遺伝子操作用変数
11:     int[] Weight={3, 6, 5, 4, 8, 5, 3, 4, 8, 2};// 荷物の重量
12:     int[] Value={70, 120, 90, 70, 130, 80, 40, 50, 30, 70};
       // 荷物の価値
13:     // 初期集団の生成（ランダム）
14:     for(int i=0;i<10;i++) {
15:       for(int j=0;j<10;j++) {
16:         if(random.nextDouble()<=0.5)
17:           agent[i][j]=0;
18:         else
19:           agent[i][j]=1;
20:       }
```

図 5.8　Java プログラム GA2

```
21:    }
22:    System.out.println("====初期集団====");
23:    for(int i=0;i<10;i++) {
24:      System.out.print("agent "+i+" ");
25:      for(int j=0;j<10;j++)
26:        System.out.print(agent[i][j]);
27:      System.out.println("");
28:    }
29:    System.out.println(
       "==世代毎のエリート個体と平均の適応度==");
30:    //「進化のメインループ」
31:    for(int n=0;n<Generation;n++) {
32:      // 適応度の計算 「遺伝子の適応度と集団の平均適応度」
33:      for(int i=0;i<10;i++) {
34:        int value=0;
35:        for(int j=0;j<10;j++)
36:          value=value+Value[j]*agent[i][j];
37:        int weight=0;
38:        for(int j=0;j<10;j++)
39:          weight=weight+Weight[j]*agent[i][j];
40:        if(weight<=20)
41:          fitness[i]=0;
42:        else
43:          fitness[i]=-1000;
44:        fitness[i]=fitness[i]+value;
45:      }
46:      double ave=0.0;
47:      for(int i=0;i<10;i++) {
48:        ave=ave+fitness[i];
49:      }
50:      ave=ave/10;
51:      // 遺伝的操作 「エリート保存選択」
52:      elite=0;
```

図 5.8 （つづき 1）

```
53:     elite_fitness=fitness[0];
54:     for(int i=1;i<10;i++) {
55:       if(fitness[i]>elite_fitness) {
56:         elite=i;
57:         elite_fitness=fitness[i];
58:       }
59:     }
60:     // エリートと適応度平均の出力
61:     System.out.println(
        "世代 "+n+", エリートの適応度 "+elite_fitness+", 平均適応度 "+ave);
62:     // エリートを次世代にコピー
63:     for(int j=0;j<10;j++) {
64:       next_agent[0][j]=agent[elite][j];
65:     }
66:     // 遺伝的操作 「交叉1」 子 1, 2を作る
67:     parent1=random.nextInt(10);
68:     parent2=random.nextInt(10); // 2親をランダムに決定
69:     position=random.nextInt(9); // 交叉位置をランダムに決定
70:     for(int j=0;j<position;j++) {
71:       next_agent[1][j]=agent[parent1][j];
72:       next_agent[2][j]=agent[parent2][j];
73:     }
74:     // 1点交叉で遺伝子 [1] と [2] の後半を交換
75:     for(int j=position;j<10;j++) {
76:       next_agent[1][j]=agent[parent2][j];
77:       next_agent[2][j]=agent[parent1][j];
78:     }
79:     // 遺伝的操作 「交叉2」 子 3, 4を作る
80:     parent1=random.nextInt(10);
81:     parent2=random.nextInt(10); // 2親をランダムに決定
82:     position=random.nextInt(9); // 交叉位置をランダムに決定
83:     for(int j=0;j<position;j++) {
84:       next_agent[3][j]=agent[parent1][j];
```

図5.8 (つづき2)

```
85:          next_agent[4][j]=agent[parent2][j];
86:        }
87:        // 1点交叉で遺伝子[3]と[4]の後半を交換
88:        for(int j=position;j<10;j++) {
89:          next_agent[3][j]=agent[parent2][j];
90:          next_agent[4][j]=agent[parent1][j];
91:        }
92:        // 遺伝的操作「交叉3」子 5, 6を作る
93:        parent1=random.nextInt(10);
94:        parent2=random.nextInt(10); // 2親をランダムに決定
95:        position=random.nextInt(9); // 交叉位置をランダムに決定
96:        for(int j=0;j<position;j++) {
97:          next_agent[5][j]=agent[parent1][j];
98:          next_agent[6][j]=agent[parent2][j];
99:        }
100:       // 1点交叉で遺伝子[5]と[6]の後半を交換
101:       for(int j=position;j<10;j++) {
102:         next_agent[5][j]=agent[parent2][j];
103:         next_agent[6][j]=agent[parent1][j];
104:       }
105:       // 遺伝的操作「突然変異」
106:       parent1=random.nextInt(10); // [7]の親をランダムに決定
107:       for(int j=0;j<10;j++)
108:         next_agent[7][j]=agent[parent1][j];
109:       position=random.nextInt(10);
110:       next_agent[7][position]=1-next_agent[7][position];
111:       parent1=random.nextInt(10); // [8]の親をランダムに決定
112:       for(int j=0;j<10;j++)
113:         next_agent[8][j]=agent[parent1][j];
114:       position=random.nextInt(10);
115:       next_agent[8][position]=1-next_agent[8][position];
116:       parent1=random.nextInt(10); // [9]の親をランダムに決定
117:       for(int j=0;j<10;j++)
```

図5.8 (つづき3)

```
118:      next_agent[9][j]=agent[parent1][j];
119:      position=random.nextInt(10);
120:      next_agent[9][position]=1-next_agent[9][position];
121:      //「集団の世代交代」
122:      for(int i=0;i<10;i++) {
123:        for(int j=0;j<10;j++) {
124:          agent[i][j]=next_agent[i][j];
125:        }
126:      }
127:    }
128:    System.out.println("====最終集団====");
129:    for(int i=0;i<10;i++) {
130:      int value=0;
131:      for(int j=0;j<10;j++)
132:        value=value+Value[j]*agent[i][j];
133:      int weight=0;
134:      for(int j=0;j<10;j++)
135:        weight=weight+Weight[j]*agent[i][j];
136:      if(weight<=20)
137:        fitness[i]=0;
138:      else
139:        fitness[i]=-1000;
140:      fitness[i]=fitness[i]+value;
141:    }
142:    for(int i=0;i<10;i++) {
143:      System.out.print("agent "+i+" ");
144:      for(int j=0;j<10;j++)
145:        System.out.print(agent[i][j]);
146:      System.out.println(" "+fitness[i]);
147:    }
148:  }
149:}
```

図 5.8 (つづき 4)

<処理条件>

1. 変数 x_i は，0 または 1 の値をとることから 1 ビットで表現できる．変数の組を 10 ビットの遺伝子で表現し，1 個体とする．集団のサイズを 10 とし，世代数を 100 とする．
2. 式 (5.7) で与えられる関数 F の値を適応度とする．
3. 遺伝的操作は，エリート保存選択，一点交叉，突然変異を用いる．
4. 世代ごとのエリート個体の適応度と平均適応度を表す「折れ線グラフ」を作成する．
5. 「初期集団の遺伝子および適応度」と「最終集団の遺伝子および適応度」を表にする．

$$value = \sum_{i=0}^{9} c_i x_i \tag{5.5}$$

$$weight = \sum_{i=0}^{9} a_i x_i \tag{5.6}$$

$$\begin{aligned} penalty &= 0 \text{ (if weight} \leq 20) \\ &= -1\,000 \text{ (otherwise)} \end{aligned} \tag{5.7}$$

$$F = value + penalty \tag{5.8}$$

【解説】

1. 「Java プログラム GA2」の内容は，「Java プログラム GA1」と共通部分が多いので，相違点のみを解説する．この例では，個体の集団を表す 6 行目 agent 変数のほかに，11，12 行目で「荷物の重量」，「荷物の価値」に当たる変数 Weight と Value を定義している．初期値は，表 5.3 の値を使用する．
2. 32 ～ 45 行までの「適応度の計算」では，まず，34 ～ 36 行で，式 (5.5) を用いてナップサック内の荷物の価値を計算し，37 ～ 39 行でナップサック内の荷物の重さを計算している．40 ～ 43 行では，式 (5.7) を用いて荷物の重さが制限重量 20 kg を超えているか判定し，超えていなければ荷物の価値をそのまま適応度にし，超えていれば十分に大きな値

（ここでは1 000）を引いて，適応度が低くなるように処理している。
3. 遺伝的操作は，「Java プログラム GA1」と同様であるが，集団のサイズが違うので，「一点交叉」，「突然変異」を適用する遺伝子の数が増えている。
4. 例 5.1 と同様にプログラムを実行し，出力結果を Excel に貼り付け「折れ線」グラフを作成する（**図 5.9**）。

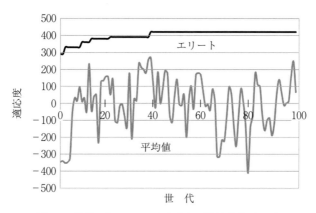

図 5.9 世代ごとのエリート個体と平均適応度（GA2）

5. こちらも例 5.1 と同様に出力結果を表にする（**表 5.4** および **表 5.5**）。「最終集団」遺伝子番号 0 のエリート個体は適応度 420 をもっているが，遺

表 5.4 初期集団の遺伝子および適応度（GA2）

遺伝子番号	遺伝子	適応度
0	1 0 0 0 1 0 1 1 1 1	−610
1	0 0 0 1 0 1 1 0 0 0	190
2	1 1 0 1 1 0 0 1 1 0	−530
3	1 0 0 0 0 1 1 0 0 0	190
4	0 0 1 0 1 1 0 1 1 0	−620
5	0 0 0 0 1 1 1 1 1 0	−670
6	0 0 1 1 0 0 1 1 1 1	−650
7	1 0 0 1 0 1 1 1 0 1	−620
8	0 1 0 1 1 1 1 1 0 1	−440
9	1 0 1 0 0 1 0 1 0 0	290

表 5.5 最終集団の遺伝子および適応度 (GA2)

遺伝子番号	遺伝子	適応度
0	1 1 1 1 0 0 0 0 0 1	420
1	1 0 1 0 0 1 0 0 0 1	310
2	1 1 1 0 0 0 0 0 0 1	350
3	1 1 1 1 0 0 0 0 0 1	420
4	1 0 1 0 0 1 0 0 0 1	310
5	1 0 1 0 0 1 0 0 0 1	310
6	1 1 1 0 0 1 0 0 0 1	−570
7	1 0 1 0 0 1 0 0 1 1	−660
8	1 1 1 0 0 1 0 0 0 0	360
9	1 0 1 0 0 0 0 0 0 1	230

伝的アルゴリズムの特徴から，この例において最適解である保証はない。各自，他の方法によって最適解を求めてみるとよい。いちばん単純な方法として，1 024 通りすべての遺伝子を書き出し，重量と価値を計算することが挙げられる。

♠

5.5 演　　　習

【5.1】

簡単関数の最小化問題において，個体を表現する遺伝子型は 100 ビットで表現し，各遺伝子型の適応度 F を式 (5.6) で評価した場合の Java プログラムを作成せよ。ただし，集団数は 10，世代数は 500 とする。

$$F = \sum_{i=0}^{79} a_i - \sum_{i=80}^{89} a_i + \sum_{i=90}^{99} a_i \tag{5.9}$$

【5.2】

例 5.2 で示したナップサック問題の最適解を求めよ。ただし，ナップサックの容量は 30 kg とする。

<ヒント>

遺伝的アルゴリズムを利用して求めた解は，最適であることが保証されていない．したがって，他の方法を利用して解を求めることになる．例で示した問題では，荷物 i をナップサックに入れる状態を 1，入れない状態を 0 と考えると，すべての場合が 1 024 通りであるため，**図 5.10** に示す表を使って解を求めることができる．重量と価値は，SUBTOTAL 関数を使用して計算する．重量では，B3 から K3 と P3 から Y3 を SUBTOTAL 関数の引数とする．同様に価値では，B3 から K3 と P4 から Y4 を SUBTOTAL 関数の引数とする．ただし，P3 から Y3 と P4 から Y4 は，[絶対参照] としなければならない．

	A	B	C	D	E	F	G	H	I	J	K	L	M	N	O	P	Q	R	S	T	U	V	W	X	Y
1						荷物 i						重量	価値												
2		0	1	2	3	4	5	6	7	8	9				荷物 i	0	1	2	3	4	5	6	7	8	9
3	0	0	0	0	0	0	0	0	0	0	0	0	0		重量 a_i	3	6	5	4	8	5	3	4	8	2
4	1	0	0	0	0	0	0	0	0	0	1	2	70		価値 c_i	70	120	90	70	130	80	40	50	30	70
5	2	0	0	0	0	0	0	0	0	1	0	8	30												
6	3	0	0	0	0	0	0	0	0	1	1	10	100												
7	4	0	0	0	0	0	0	1	0	0	0	4	50												
8	5	0	0	0	0	0	0	1	0	1	0	6	120												

図 5.10 ナップサック問題の Excel 解法

付　　　録

　本テキストでは，知能情報の各分野の知識を習得し確実なものとするために随所にExcelとJavaによる実習を配置している．この付録はExcel編とJava編からなり，本テキストを読み理解するうえで最小限のExcelとJavaを学び，両言語を用いて知能情報システムを構築し，シミュレーションによる理解を目指す．

　より詳しく学びたい人は，Excelに関しては拙書「例題で学ぶExcel入門」大堀，深井，西川共著，Javaに関しては同じく「例題で学ぶJava入門」大堀，木下共著，あるいは「例題で学ぶJavaアプレット入門」大堀，木下，早坂共著（いずれもコロナ社刊）を読むことをお勧めする．

A1.　Excel 編

A1.1　Excel の基本

　Excelの基本的な使い方は他書に譲るとして，Excelで特に注意しなければならないのは相対参照と絶対参照である．セル番地は行が5で列がAの場合A5と表現されるが，数式の中でのセル番地の参照には次の2通りの方法がある．絶対参照ではセル番地の頭に記号「$」を付けることに注意が必要である．

　　相対参照… A3　　　A3:D5
　　絶対参照…$A$3　　$A$3:$D$5

　相対参照では，数式をコピーしたとき，コピー先でも正しく計算されるように，自動的にセル番地が変更される．これに対し絶対参照は，コピーしてもセル番地が変更されない．

　図**A**.1は，相対参照による数式をコピーの失敗ケースの例である．左側で，

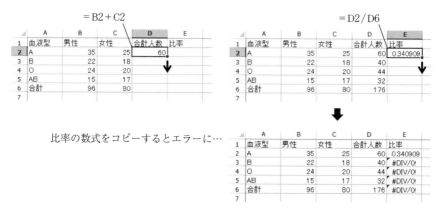

図 A.1 数式コピーの失敗ケース

合計人数（男性＋女性）の数式は，コピーしても正しく計算される．しかし，右側で，比率（合計人数÷合計人数の合計）の数式は，コピーするとエラー値（#DIV/0! ゼロ除算のエラー）になってしまう．**ゼロ除算のエラー**とは，割り算で分母がゼロのため計算不能のときに発生するエラーである．

なぜこうなるのか，［挿入］→［数式］→［数式の表示］により，コピーした数式がどうなっているのかみてみよう（**図 A.2**）．

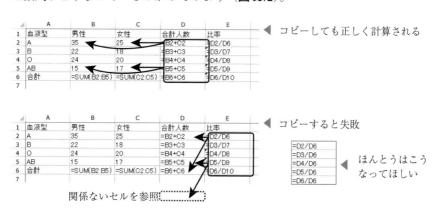

図 A.2 数式コピーの失敗原因

相対参照の数式をコピーすることは，セル参照の先がちょうど平行移動する．結果的に縦方向にコピーすると行番号が変化し，横方向にコピーすると列

番号が変化する。これに対し絶対参照の場合は行番号，列番号は変化しない（図 A.3）。

図 A.3　コピーにおける相対参照と絶対参照の違い

絶対参照は行や列の頭に＄記号を付ける。相対参照と絶対参照を組み合わせて次のような書き方も可能である。行と列の片方の部分が絶対参照の場合は，コピーすると，相対参照部分は変化するが，絶対参照部分は変化しない。

　　　　$A3…列のみ絶対参照　　A$3…行のみ絶対参照

絶対参照を活用して先ほどの比率計算をやり直す。比率計算の分母は共通してすべての合計（D6）であり，数式をコピーしても常に同じセル（D6）を参照していなければならない。よって分母 D6 を絶対参照の $D$6 にすれば，コピーしても変化しないので，今度は正しく計算でき数式コピーは成功である（図 A.4）。

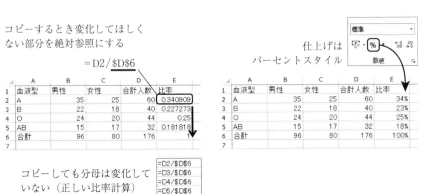

図 A.4　数式コピーの成功ケース

A1. Excel 編   163

補足であるが，この比率の数式は下方向にコピーしているので，相対参照のセル番地は行番号のみが変化し，列番号はDのまま変化しない（D2→D3→D4→D5→D6）。すなわち，分母は最低限，行のみを絶対参照にすればよい。もとの数式を「=D2/$D$6」から「=D2/D$6」として，行のみを絶対参照（$6）にした場合でも正しい結果が得られる。

縦方向と横方向のコピーでは，共通に参照するセル（例えば比率計算の分母）を絶対参照にすれば簡単であるが，両方向のコピー（縦1列や横1行ではなく，縦横に複数の四角い領域を埋めるコピー）では，行と列のどちらを相対参照にまた絶対参照にすべきか使い分ける必要がでてくる。

ここで，**表A.1**に相対参照と絶対参照の基本知識をまとめておく。

表A.1 相対参照と絶対参照のまとめ

	相対参照	絶対参照
書き方	A5	$A$5
入力方法	A5と入力するか，数式入力中にA5セルを選択	$A$5と入力するか，A5セルを選択してF4キーで$A$4に変換できる
横方向ドラッグコピー	B5 C5 D5 と列が変化	変化せず
縦方向ドラッグコピー	A6 A7 A8 と行が変化	変化せず
ドラッグ以外のセルコピー	コピー元からコピー先への行と列の差の分だけ，変化する	変化せず

●縦横に数式コピーする場合（1）：列のみ絶対参照にするケース

図A.5の例では，G3の売上金額の数式を右方向と下方向にコピー（四角い領域すべてにコピー）する。価格は4，5，6月で共通に参照するので絶対参照

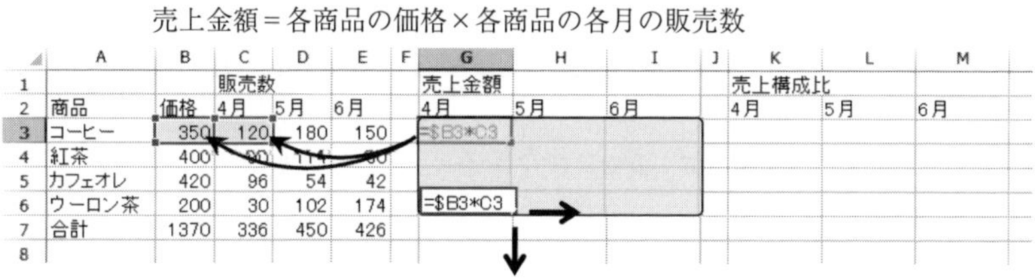

図A.5 縦横に数式コピーする場合（1）

にする。しかし下方向にもコピーするので、行番号は変化してほしい。よって、単価である「価格」の列（$B）のみ絶対参照とする。

●縦横に数式コピーする場合（2）：行のみ絶対参照にするケース

今度は、図 A.6 で（月ごとの）売上構成比を考える。この場合も K3 の数式を右方向と下方向にコピーする。売上金額の各月の合計は、どの商品でも共通に参照するので絶対参照にする。しかし横方向にもコピーするので、コピーの際に列番号は変化してほしい。ゆえにこの場合は「売上構成比」の行（$7）のみ絶対参照とする。

売上構成比＝各商品の各月の売上金額÷各月の売上合計

	A	B	C	D	E	F	G	H	I	J	K	L	M
1			販売数				売上金額				売上構成比		
2	商品	価格	4月	5月	6月		4月	5月	6月		4月	5月	6月
3	コーヒー	350	120	180	150		42000	63000	52500		=G3/G$7		
4	紅茶	400	90	114	60		36000	45600	24000				
5	カフェオレ	420	96	54	42		40320	22680	17640				
6	ウーロン茶	200	30	102	174		6000	20400	34800				
7	合計	1370	336	450	426		124320	151680	128940				
8													

図 A.6　縦横に数式コピーする場合（2）

完成結果を図 A.7 に示す。ここで売上構成比はパーセントで表示している。今回は売上金額も売上構成比も入力式は 1 つのみで、他はすべてコピーしている。元の数式に間違いがなければコピー先にも間違いはないので、チェックの箇所が少なくて済む。絶対参照を適切に使用すれば、表作成におけるコピー作業の活用とチェック作業の低減によって、作業能率を向上させることができる。

	A	B	C	D	E	F	G	H	I	J	K	L	M
1			販売数				売上金額				売上構成比		
2	商品	価格	4月	5月	6月		4月	5月	6月		4月	5月	6月
3	コーヒー	350	120	180	150		42000	63000	52500		34%	42%	41%
4	紅茶	400	90	114	60		36000	45600	24000		29%	30%	19%
5	カフェオレ	420	96	54	42		40320	22680	17640		32%	15%	14%
6	ウーロン茶	200	30	102	174		6000	20400	34800		5%	13%	27%
7	合計	1370	336	450	426		124320	151680	128940				
8													

図 A.7　縦横に数式コピーした完成結果

A1.2　Excel のグラフ表示

　Excel は，表計算の結果を視覚的に表現するために多彩なグラフ表示機能を備えている．集計したデータをグラフ表示することでデータの大小や傾向を容易に把握することができるため，レポートや論文の表現力は飛躍的に向上する．ここでは棒グラフを例として Excel グラフの作成方法を説明する．

　棒グラフは，数値を棒の長さで表現するグラフである．棒は長方形で表現される．また図やテクスチャを貼り付けて表示することもできる．ここでは，地域別売上実績を集計した表を例として棒グラフの作成を学ぶ．図 **A**.8 は，A3 〜 A6 に販売地域，B2 〜 D2 に販売月を示している．

	A	B	C	D	E
1					
2		4月	5月	6月	
3	札幌	12300	15500	9660	
4	旭川	9800	11000	7770	
5	函館	10100	9900	9000	
6	帯広	7000	8800	6060	
7					

図 **A**.8　地域別売上実績集計表

① データ範囲の A2 〜 D6 を選択し，[挿入]→[グラフ]を適用すると，[グラフの挿入]ダイアログが起動され，いくつかのグラフが表示される（図 **A**.9）．
② 集合縦棒を選択し，[OK]ボタンをクリックすると，ワークシートのような棒グラフが自動生成される（図 **A**.10）．
③ グラフエリアでグラフタイトルを編集して「地域別売上集計」と入力する．

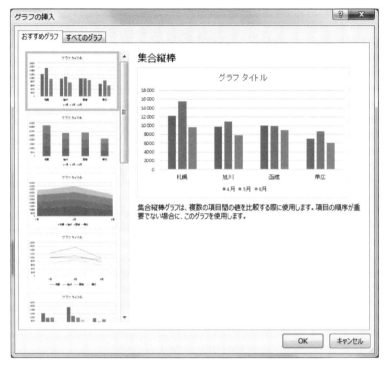

図 A.9　表示された［グラフの挿入］ダイアログ

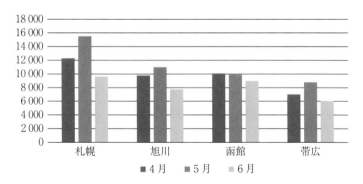

図 A.10　自動生成された地域別売上集計

A1.3 Excel の関数

　Excel は，数式バーに直接数式を入力するほかに豊富なライブラリ関数を使用して，さまざまな計算を簡単に行うことができる。ここでは，Excel が備えているライブラリ関数の中で，IF 関数を例として関数の使用方法を説明する。

　IF 関数は，指定された条件を評価した結果が TRUE の場合はある値を返し，評価した結果が FALSE の場合は別の値を返す関数である。例えば，数式＝IF(A1＞0,"正の数","ゼロまたは負の数") では，A1 の値が 0 を超える場合に「正の数」が返され，A1 の値が 0 以下の場合に「ゼロまたは負の数」が返される。

　　　　書式　　　IF (論理式, [真の場合], [偽の場合])

　IF 関数の書式には，「論理式」，「真の場合」と「偽の場合」の 3 つの引数(ひきすう)がある。「論理式」には，真または偽のどちらかに評価できる値または式を指定する。論理式にはどの比較演算子（**表 A.2**）も使用可能である。また，AND 関数 や OR 関数 のように論理値を返す関数を使用することもできる。「真の場合」には論理式が TRUE のときに返す値を指定，「偽の場合」には論理式が FALSE のときに返す値を指定する。「真の場合」，「偽の場合」ともに省略可能であり，省略すると「0」，または「FALSE」が返される。

　例として，**図 A.11** に示す「北海道各地の一日の気温変化」のデータを入力し，MIN 関数，MAX 関数，および 単純 IF 関数 を用いて，最低気温，最高気

表 A.2　比較演算子の種類

演算子	説明
＜	小なり
＞	大なり
＜＝	以下
＞＝	以上
＝	等しい
＜＞または!＝	等しくない

	A	B	C	D	E	F	G	H	I	J	K
1	北海道各地の一日の気温変化											
2		3時	6時	9時	12時	15時	18時	21時	最低	最高	備考
3	札幌	3.4	2.3	5.6	8.7	10.7	8.4	5.1	2.3	10.7	
4	帯広	0.8	-1.3	3.2	7.6	11.1	7.8	4.3	-1.3	11.1	冬日
5	北見	-2.1	-5.4	-0.8	5.4	8.7	4.2	2.8	-5.4	8.7	冬日
6	稚内	-3.2	-6.2	-1.1	4.5	7.9	3.8	2.3	-6.2	7.9	冬日
7	函館	2.1	2.7	6.8	11.3	14.2	10.1	6.8	2.1	14.2	
8	室蘭	2.7	1.6	5.7	10.8	13.1	8.7	7.6	1.6	13.1	
9	旭川	0.7	-0.3	4.3	7.9	10.5	7.4	6.2	-0.3	10.5	冬日
10	釧路	2.4	1.1	4.8	8.3	9.8	7.1	5.8	1.1	9.8	
11	根室	1.8	0.4	4.3	7.9	9.7	6.9	5.3	0.4	9.7	
12	網走	0.1	-0.8	3.7	6.2	8.6	5.2	3.8	-0.8	8.6	冬日

図 A.11　北海道各地の最低，最高，冬日の表示

温，備考欄には最低気温が 0 ℃ 未満のときに「冬日」と表示する。最低気温は，I3 に ＝MIN（B3：H3）を入力，最高気温は，J3 に ＝MAX（B3：H3）を入力，冬日の表示は，K3 に　＝IF（I3＜0，"冬日"，""）を入力する。

　より高度な IF 関数 の使い方として，引数の「真の場合」と「偽の場合」の中に IF 関数 を入れることにより複雑な計算が可能である。これを IF 関数の入れ子とよぶ。

	A	B	C	D	E	F	G
1	英語検定ドリルテスト判定結果						
2	番号	氏名	1回目	判定	2回目	判定	総合判定
3	1	堀北真希	90	＊	65		不合格
4	2	松島奈々子	80	＊	80	＊	合格
5	3	仲間由紀恵	95	＊	70	＊	合格
6	4	長澤まさみ	100	＊	95	＊	合格
7	5	戸田恵梨香	50		50		不合格
8	6	広末涼子	45		90	＊	不合格
9	7	ほしのあき	90	＊	85	＊	合格
10	8	上野樹里	95	＊	80	＊	合格
11	9	上戸　彩	30		75		不合格
12	10	石原さとみ	85	＊	90	＊	合格
13	11	武井　咲	70	＊	85	＊	合格

図 A.12　英語検定ドリルテスト判定結果

例として，以下の図 **A.12** に示す英語検定ドリルテスト判定結果のデータに対して，G列の総合判定は，1回目，2回目の得点が両方とも70点以上のときは「合格」，それ以外のときは「不合格」を表示する。G3には IF 関数の入れ子を用いて，＝IF（C18＞＝70，IF（E18＞＝70，"合格"，"不合格"），"不合格"）を入力し，G4～G13にコピーする。

A2. Java 編

A2.1 判断文（if文）

　Javaの基礎は割愛し他書に譲るとして，プログラミングの醍醐味のひとつである，条件によって処理の流れを変化させる「判断文」を述べる。

　Javaでは，判断文で必要な条件式やその評価結果をプログラムで扱えるようにするために，論理型や，評価結果が論理値となる演算子や，真を表すtrue と偽を表す false も用意されている。プログラムでは条件によって処理の流れを変更するには，**if文** を使う。if文 には，if-then文 と if-then-else文 の2種類がある。以下にこれらの意味と使用方法を説明する。

　条件が成立するときと成立しないときで，処理を分けたい場合のプログラミング方法は，**if-then-else** 文 を使い，条件が成立するときは「処理1」が実行され，成立しないときは「処理2」が実行される。

　　　　if（条件式）処理1；　　　else 処理2；

　それでは，サンプルプログラムを動作させる。

【例 A.1】　入力点数により合否を判断するプログラム

　図 **A.13** は，キーボードから点数を入力し，70点以上は「合格です。」，70点未満は「不合格です。」と表示する if文のプログラム例である。

```
import java.io.*;
public class SampleA.1{
    public static void main(String[]args)throws
    IOException{
        // 入力の準備
        BufferedReader br=new BufferedReader
        (new InputStreamReader(System.in));
        // 点数の入力
        System.out.println("点数を入力>");
        int ten=Integer.parseInt(br.readLine());
        // 合否判定
        if(ten>=70){
            System.out.println("合格です。");
        } else{
            System.out.println("不合格です。");
        }
    }
}
```

［表示結果1］

点数を入力>70
合格です。

［表示結果2］

点数を入力>69
不合格です。

図 A.13　if 文のプログラム例

このプログラムでは，キーボードから入力した点数 ten が上記例の 70 の場合，条件式は成立するので論理値は true になり「合格です。」を出力する。一方，入力した点数 ten が 69 の場合，条件式は if(69>70) となり，成立しないので論理値は false になり，false のときは else 以下を実行するので「不合格です。」を出力する。

上記で述べてきた「条件式」には評価結果が true か false の真理値になる演算子として，比較演算子「>」と「>=」が使われてきた。「≧」といった比較は「>」といった不等号と等号 (=) とを組み合わせて「>=」と記述する。数

学では，等値は「=」であり非等値は「≠」であるが，Java ではそれぞれ「==」と「!=」と記述する。

if-then-else 文，すなわち，if（条件式）then 処理 1; else 処理 2; において，処理 1 と処理 2 には Java の文を記述するが，if 文自体も文なので，次のように処理 2 の中で if-then-else 文を記述することもできる。このようにすることで，次のように複数の条件を設定して処理の流れを細かく制御することも可能になる。

> if (条件式 1) 処理 1; else if (条件式) 処理 2; else 処理 3;

この文では，最初の if の条件式 1 を評価して，条件 1 が成立する（true）とき処理 1 を実行し，条件 1 が成立しない（false）とき，次の else if 句の条件式 2 を評価し，その条件式 2 が成立する（true）とき処理 2 を実行する。その条件式 2 も成立しない（false）とき処理 3 を実行する。

これまでの if 文の分岐は条件式を評価し，true か false かの 2 方向への分岐だった。3 方向以上の分岐も if 文の 2 分岐の入れ子により実現できる。しかし，プログラムが複雑になりプログラムの全体把握が難しくなり，誤りも多くなる。

そこで新しい構文である **switch 文** を利用すれば，2 分岐はもとより 3 分岐以上の場合も非常に簡潔にプログラムが書ける。

```
switch( 整数式 ){
      case  値1:   処理1;  break;
      case  値1:   処理2;  break;
           ・
      default;    処理n;  break;
}
```

なお，switch 文の条件式である整数式には，int 型か char 型の式しか使用できない。また，case の後の値 1，値 2，…は整数式が int 型の場合は int 型のリテラル，char 型の場合は char 型のリテラルを書く。整数式が値 1，値 2，…のいずれの値にも当てはまらない場合には，default 文の処理が実行されるの

で default 文を省略することはできない。

　break 文はある構文の中から強制的に抜け出す役目をもち，switch 文以外でも使用される。反復処理の中で使用される場合は，反復処理を強制的に抜ける働きをする。それでは，switch 文を使ったサンプルプログラムを動作させてみる。

【例 A.2】　順位より商品を求めるプログラム

　図 A.14 は，キーボードから順位を入力し，case 文を用いて順位に相当するメダルを文字列変数 shohin に入れ，case 文が終了したときに shohin の内容を画面に表示する switch 文のプログラム例である。

```java
import java.io.*;
public class SampleA.2{
    public static void main(String[]args)throws
    IOException{
        BufferedReader br=new BufferedReader
        (new InputStreamReader(System.in));
        System.out.print("順位(1-3)>");
        int rank=Integer.parseInt(br.readLine());
        String shohin="";
        switch(rank){
            case 1:shohin="金メダル";break;
            case 2:shohin="銀メダル";break;
            case 3:shohin="銅メダル";break;
            default:shohin="入力エラー："+rank;break;
        }
        System.out.println(shohin);
    }
}
```

［表示結果 1（順位 2 の場合）］　［表示結果 2（順位 4 の場合）］

```
順位 (1-3) >2
銀メダル
```

```
順位 (1-3) >4
入力エラー：4
```

図 A.14　switch 文のプログラム例

このプログラムでは，キーボードから入力された順位 rank の値によって switch 文により条件式（整数式）rank が評価され，rank=1，rank=2，rank=3 によりそれぞれの case 文を実行する。case 文の中は変数 shohin に，それぞれ，"金メダル"，"銀メダル"，"銅メダル" を入れ，rank として1，2，3以外の場合は，default 文が実行され，shohin には"入力エラー"+rank を入れる。

表示結果1では rank=2 なので2番目の case 文が実行され shohin の中に「銀メダル」が入り，print 文でそのまま「銀メダル」が表示される。表示結果2では rank=4 なので default 文が実行され，shohin には「入力エラー：4」が入り，print 文でそのまま「入力エラー：4」が表示される。

A2.2 反復文（for 文）

同じような処理をプログラムする場合，Java では"反復処理"を用いる。Java の繰り返しには回数指定の繰り返しと，条件が成り立っている間繰り返す条件付き繰り返しの2種類の繰り返しがある。前者は for 文，後者は while 文を用いる。

for 文の書式は次の通りである。

```
for( 初期化部 ; 条件式 ; 更新部 ){
     繰り返す処理 ;
}
```

for 文の書式には，繰り返す処理以外に3つの式，すなわち，初期化部，条件式，更新部を使用する。Java では「変数 i を最初は1としておいて，1回処理を行うごとに1増やしていき，i が100になったら繰り返し処理を終了する。」というように，繰り返しの回数を数える変数を用意して何回処理を実行しているかをカウントする。

「初期化部」では変数の初期値を代入する。「条件式」では繰り返しを実行することのできる変数の値の条件を記述する。条件なので結果は論理型（true

か false) でなければならない。「更新部」では、繰り返し処理の実行が終わったときに実行する式を記述する。

for の繰り返しを制御するカウンタ変数を，繰り返しの中で利用するより高度な for 文について学習する。

処理を繰り返す回数がわかっているときには，i のように繰り返す回数を数え上げる変数を用意する。for 文を使うと，繰り返しに必要な変数は何か，必要な前処理は何か，後処理では何をしないといけないか，といったことがわかる。それでは，1 〜 10 までの整数を合計した値を計算するプログラムを作成して実行させてみる。for 文の（　）内の初期化部において int 型の変数 i を宣言し，1 で初期化する。このように，for 文の中で変数を宣言すると，その変数は宣言された for 文の中だけでしか使えなくなる。

【例 A.3】 for 文を用いた和を求めるプログラム

図 A.15 のプログラムを実行すると，足し算が実行されていく様子が画面へ出力されて，[表示結果] のようになる。

```
public class SampleA.3{
    public static void main(String[]args){
        int sum=0;
        for(int i=1;i<=10;i++){
            sum=sum+i;
            System.out.println(sum);
        }
    }
}
```

[表示結果]
1
3
6
10
15
21
28
36
45
55

図 A.15　for 文により 1 〜 10 の和を求めるプログラム

for文の場合，for文の繰り返し範囲である{ }の中に，別のfor文を入れることができる。以下にfor文のネストを使ったプログラムSampleA.4.javaを述べる。

【例A.4】 for文のネストによる九九を表示するプログラム

図A.16は，for文のネスト（for文のコードブロック内にfor文がある2重for文）を用いて九九の計算と表示するプログラムである。

```
public class SampleA.4{
    public static void main(String[]args){
        for(int i=1;i<=9;i++){        // 変数iで縦方向を制御
            for(int j=1;j<=9;j++){ // 変数jで横方向を制御
                System.out.print(" "+(i*j));
                // 九九の表示（改行せず）
            }//jのfor文の終わり
            System.out.println();// 改行
        }//iのfor文の終わり
    }
}
```

[表示結果]

```
1  2  3  4  5  6  7  8  9
2  4  6  8  10 12 14 16 18
3  6  9  12 15 18 21 24 27
4  8  12 16 20 24 28 32 36
5  10 15 20 25 30 35 40 45
6  12 18 24 30 36 42 48 54
7  14 21 28 35 42 49 56 63
8  16 24 32 40 48 56 64 72
9  18 27 36 45 54 63 72 81
```

図A.16　2重for文により九九を求めるプログラム

A3. 配　　　　　　列

A3.1　配　列　と　は

　これまでは，データを格納する箱として変数を扱ってきたが，その箱が多くの仕切り板によって細かく区分けされていると便利な場合がある。このような同じ形式のデータを格納するための連続した記憶領域を**配列**とよぶ。

　アパートのように，同じような部屋を何号室とよぶ方法がある。Javaでも，変数のひとつひとつに名前を付けるのではなく，同様に番号を付けてデータを扱うことができる。同じ形式のデータであることが必要であるが，先頭から数えて何番目であるかを指定して，データを処理することができる。

【例A.5】　3回分の小テストの合計を求めるプログラム

　ここでまず，図A.17に配列を使わない3回分の小テストの合計を求めて表示するプログラムを示す。

```
public class SampleA.5{
      public static void main(String[]args){
            // 変数の宣言
            int tensu1=70;
            int tensu2=80;
            int tensu3=90;
            // 合計点の計算
            int goukei=tensu1+tensu2
                       +tensu3;
            // 結果の出力
            System.out.println(goukei);
      }
}
```

図A.17　配列を使わない和の計算プログラム

[表示結果]　240

図 A.17　（つづき）

　例 A.5 では小テストの回数に従い変数の名前を与える．しかし，小テストが増えると変数名を回数分増やさなければならず，加算のコーディングも変更しなければならず大変である．

　ここで，データを入れる連続した箱を用意する．その箱にデータを記憶し，先頭から数えて何番目であるかを指定する．これが配列の特徴であり，そのイメージを図 A.18 に示す．

図 A.18　配列のイメージ

　同じ形式のデータを記憶するために連続した記憶領域を確保する．これに名前（配列変数名）を付けて配列を識別する．配列を確保する個々の領域を要素とよび，要素の位置を添字で示す．添字は，配列の何番目の要素かを示す数値であり，Java では先頭の要素を 0 番目とよぶ．一般的には，添字は配列変数名のあとに大カッコ [ ] を書いて，その中に記述する．

　再度，小テストの合計を求めるプログラムの例を考える．点数を入れる配列を用意し，その要素に各回の点数を格納する．この場合，格納するデータはすべて整数であるので配列も整数として用意する．さらに，配列の要素数は 1 次元的に増加していくので，このような配列のことを **1 次元配列**という．

A3.2　配列の宣言とメモリ領域の確保

　配列の宣言は変数と同じように，配列の型と配列変数名を指定する．配列であることを示すために大カッコ [ ] を付けて記述する．

[**書式**]　　　配列の型 []　配列変数名 ;

［例］　int[]　　tensu;　　　または，　　int tensu[];

　　　　String[]　　name;　　または，　　String name[];

　配列の宣言では，配列を管理するための変数が作られただけであり，データを記憶する場所を確保する必要がある。例えば，int[]　tensuを実行するとメモリ内ではtensuという配列の先頭のアドレス領域だけが確保されたことになり，実際にデータの入る場所が確保されないことになる。

　そこで，配列の記憶領域を確保するには，new演算子を用いて，記憶するデータの型と要素数を指定する。

［書式］　　配列変数名=new データの型[要素数];

［例］　　tensu=new int[3];

　new演算子によって配列そのもの（配列の実体）が確保され，tensuが配列の場所を示すようになる。このことを配列の位置を参照するという。配列宣言と領域確保の方法は以下のものがある。

　①配列の宣言と配列の確保を別々に行う場合

```
int[]    tensu;
tensu=new int[3];
```

　②配列の宣言と配列の確保を同時に行う場合

```
int[]    tensu=new int[3];
```

　③配列の要素数を変数で指定する場合

```
int size=3;
int[]    tensu=new int[size]:
```

【例A.6】　配列の初期化を用いたプログラム

　new演算子を用いて配列を生成する方法のほかに，初期化データを指定して配列要素の宣言と同時に配列を生成する方法がある。各要素の初期値をカンマで区切り，中カッコで全体を囲むことによって記述する。

［書式］

配列の型[]　配列変数名=new データの型[]{ データ，データ，…}

（ⅰ） new 演算子を用いた場合

　　　int[]　　tensu=new int[]{80,70,90};

（ⅱ） new 演算子を省略した場合

　　　int[]　　tensu={80,70,90};

配列の初期化を用いることにより，小テストの合計を求めるプログラムは図 **A.19** のようになる。

```
public class SampleA.6{
    public static void main(String[]args){
        // 配列の作成
        int[]    tensu=new int[3];
        tensu[0]=70;
        tensu[1]=80;
        tensu[2]=90;

        // 合計点の計算
        int goukei=tensu[0]+tensu[1]+tensu[2];
        // 結果の出力
        System.out.println(goukei);
    }
}
```

[表示結果]　(240)

図 **A.19**　配列の初期化を用いた和計算のプログラム

A3.3　配 列 の 要 素 数

配列では，添字を用いて各要素の位置を指定する。添字は，[0（ゼロ）] から始まり [配列の要素数−1] までとなる。例えば，要素数が3の配列では添字の最小値は0，最大値は2となる。

配列の各要素を参照するには，配列変数名に続く [ ] 内に要素番号（添字）を使いその場所を指定する。

[書式]　　配列変数名 [添字] ;

[例]　　ten1=tensu[0];

　　　　tensu[0]=tensu[2];

配列は length 属性をもち，配列の要素数を管理している．この length 属性を利用することにより配列の要素数を知ることができる．Java では直接配列要素の最大値を指定せずに length 属性を用いて配列終端を指定することが一般的である．

【例 A.7】　80 点以上の人数をカウントするプログラム

この例では配列の要素を 1 つずつ取り出し，80 点以上の得点の人数をカウントしている．このとき tensu.length には自動的に 10 がセットされる（図 A.20）．

```
public class SampleA.7{
    public static void main(String[]args){
        int[]    tensu={80,70,90,65,80,75,65,50,100,95};
        // 宣言 & 領域確保 & 初期化
        int count=0;// カウント変数の宣言と初期化
        for(int i=0;i<tensu.length;i++){
            if(tensu[i]>=80)count++;
        }
        System.out.println(count);
    }
}
```

[表示結果]　5

図 A.20　配列要素を操作するプログラム

A3.4　多次元配列

これまで扱ってきた配列では，1 次元の連続した領域を宣言し添字を用いて各要素の位置を指定してきた．この配列を 1 次元配列という．このひとつひと

つの要素をさらに分割し，2次元以上の配列を考える．このような配列を**多次元配列**という．この場合，配列の定義で大カッコ [ ] を追加することによって，2次元，3次元，…と拡張することができる．

2次元配列では1次元配列のときに用いた [ ] を1つ追加し [ ] [ ] を用いて記述する．一般的には [ ] [ ] のそれぞれは行と列を表す．

[書式]

  配列の型 [] []　　変数名；変数名 =new 配列の型 [要素数] [要素数]；
  または
  配列の型 [] []　　変数名 =new 配列の型 [要素数] [要素数]；

[例]　　int [] [] tensu;　　tensu=new int [3] [2];

   int [] []　tensu=new int [3] [2];

この例では要素数3個の配列が生成され，それぞれに要素数2個の配列が追加されたとみることができる．

図 A.21 のように，2次元配列の初期化は1次元配列と同様にいくつかの方法が存在する．

その1
```
/*　宣言　*/
int[ ][ ]　tensu;
/*　領域確保　*/
tensu = new int[3][2];
/*　初期化　*/
tensu[0][0] = 70;
tensu[0][1] = 40;
tensu[1][0] = 55;
            :
```

その2
```
/*　宣言＆領域確保　*/
int[ ][ ] tensu = new int[3][2];
/*　初期化　*/
tensu[0][0] = 70;
tensu[0][1] = 40;
tensu[1][0] = 55;
      :
```

その3
```
/*　宣言＆領域確保＆初期化　*/
int[ ][ ]　tensu = {
{70, 40,}, {55, 80}, {85, 90
} };
```

図 A.21　2次元配列の宣言，領域確保と初期化

【例A.8】 配列 Goban に格納されている白石（1）と黒石（2）の数を数えるプログラム（石がないところには0が格納）

図A.22を参照。

```
public class SampleA.8{
    public static void main(String[]args){
        int[][]    Goban={{0,1,1,1,1,1,1,0},{0,0,2,2,1,2,0,0},
                        {1,0,2,2,2,2,2,2},{2,1,2,2,1,2,2,0},
                        {2,2,2,1,1,2,2,2},{1,2,2,1,1,2,2,2},
                        {0,0,2,2,1,2,0,0},{0,0,2,2,2,0,0,0}};
        int shiro=0;int kuro=0;
        int ishi;
        for(int i=0;i<Goban.length;i++){
            for(int j=0;j<Goban[i].length;j++){
                ishi=Goban[i][j];
                if(ishi==1)shiro++;
                if(ishi==2)kuro++;
            }
        }
        System.out.println("白="+shiro);
        System.out.println("黒="+kuro);
    }
}
```

［表示結果］
白=16
黒=31

図A.22 2次元配列の碁盤上の白黒を教えるプログラム

引用・参考文献

本書全体にかかわる文献として
1) 大堀隆文, 木下正博：例題で学ぶ Java 入門, コロナ社（2012）
2) 大堀隆文, 木下正博, 早坂亮佑：例題で学ぶ Java アプレット入門, コロナ社（2013）
3) 大堀隆文, 深井裕二, 西川孝二：例題で学ぶ Excel 入門, コロナ社（2014）

1 章
1) 大内 東, 山本雅人, 川村秀憲：マルチエージェントシステムの基礎と応用—複雑系工学の計算パラダイム, コロナ社（2002）
2) ネイル・グラハム著, 小長谷和高, 福田光恵訳：初めて学ぶ人のための人工知能入門, 啓学出版（1984）
3) 馬場口昇, 山田誠二：人工知能の基礎, 昭晃堂（1999）
4) 荒屋真二：人工知能概論—コンピュータ知能から Web 知能まで, 共立出版（2004）
5) David B. Fogel：Evolutionary Computation, Willy-IEEE Press（1998）

2 章
1) 大内 東, 山本雅人, 川村秀憲：マルチエージェントシステムの基礎と応用—複雑系工学の計算パラダイム, コロナ社（2002）
2) 合原一幸：カオス—カオス理論の基礎と応用, サイエンス社（1990）
3) ベノワ・マンデルブロ著, 広中平祐訳：フラクタル幾何学, 日経サイエンス（1984）
4) Joel L. Schiff 著, 梅尾博司ほか訳：セルオートマトン, 共立出版（2011）

3 章
1) M. ミンスキー, S. パパート著, 中野 馨, 坂口 豊訳：パーセプトロン, パーソナルメディア（1993）
2) 合原一幸：ニューラルコンピュータ-脳と神経に学ぶ, 東京電機大学出版局（1988）
3) 坂和正敏, 田中雅博：ニューロコンピューティング入門, 森北出版（1997）

4) 大内　東, 山本雅人, 川村秀憲：マルチエージェントシステムの基礎と応用―複雑系工学の計算パラダイム, コロナ社（2002）

4 章
1) Richard S. Sutton, Andrew G. Barto 著, 三上貞芳, 皆川雅章訳：強化学習, 森北出版（2000）
2) 太田　順, 倉林大輔, 新井民夫：知能ロボット入門―動作計画問題の解法, コロナ社（2000）
3) Morgan Kaufmann : Integrated architectures for learning planning, and reacting based on approximating dynamic programming, In Proceedings of the seventh International Conference on Machine Learning, pp.216-224, San Mateo, CA（1990）

5 章
1) John H. Holland 著, 嘉数侑昇ほか訳：遺伝的アルゴリズムの理論―自然・人工システムにおける適応, 森北出版（1999）

あ と が き

　本書は学生のモチベーションを保ちながら知能情報や人工知能の基礎を習得することを目的として，学生が興味の引きそうな例や演習を中心に，できるだけわかりやすいテキストになるように心がけた．しかし，われわれの目標は達成しただろうか？　そもそも本書を手に取って読んでくれるだろうか？ 100冊以上ある市販の知能情報や人工知能の本の中から，本書を選んでもらう方法をこれから考えなければならない．

　本書を読んで「知能情報が好きになった」，「人工知能がわかった」という方からの口コミ，著者の先生方のWebページなどでの啓蒙活動，あるいは「本書を手に取ってもらうための本」が必要なのかもしれない．

　一旦，手に取ってもらえば，豊富な興味のある例と演習を解き，あるいはわかりやすい説明を読むことによりモチベーションは上がり，楽しくリラックスして知能情報を学ぶことができると確信する．是非，本書を読んで1人でも知能情報が好きな学生が現れることを願っている．

　札幌の街は，桜の花びらは散ったがライラックの香が漂い，1年で最もすがすがしい季節を迎えている．抜けるような青空の下でビール片手に幸せを感じながら本稿を書いている．

2015年6月

札幌のビアガーデンにて
著者代表　大堀隆文

索引

【あ】
アーギュメント　33
アクセス可能　40
アクセス不可能　40
アドホック　24
アトラクタ　45
アルファベット課題　87
暗　示　32

【い】
意思決定　3
一点交叉　142
遺伝子情報　140
遺伝的アルゴリズム　107, 140
遺伝的操作　140
医療診断システム　6
インタプリタ　26

【う】
後向き推論　27

【え】
エキスパートシステム　5
エージェント　37
エピソード　40
エリート保存選択　142

【お】
オペレータ　9
重み係数　66, 68, 77

【か】
階段関数　67
解の質　15
カオス　44
　──の窓　57
下　界　22

【き】
学習アルゴリズム　84
学習係数　78
学習率　114
活性誤差　79
活性値　70, 72
環　境　38
環境適応力　140

【き】
擬似乱数　94
強　化　106
強化学習　106
強化学習モデル　109
強化-比較構造　107
教　師　77
教師信号　78
教師付き学習　77
近　傍　51

【く】
組合せ爆発　19
グリーディ方策　123

【け】
経　路　7
決定的　40
厳密解法　20

【こ】
交　叉　140
更新部　174
拘束条件　18
行　動　38, 107
行動方針　107
興奮性　66
誤　差　79
コスト　9
個　体　34

【さ】
最大活性ニューロン　84, 87
最適解　10
最適化問題　24
最適行動価値関数　123
サイバネティクス　106
細胞体　64

【し】
しきい値　66, 67
軸　索　64, 65
シグモイド関数　68
刺激-反応系　1
自己相似性　48
実行不可能解　11
シナプス　64, 65
樹状突起　64, 65
述　語　34
述語論理　31
出力誤差　79
上　界　22
条件式　173
条件付け　106
状　態　9, 107
状態価値関数　111
状態記述　16
状態空間　11
状態空間表現　11
状態遷移ルール　51
初期化部　173
初期状態　8, 11
しらみつぶし法　19
自律性　37
自律的主体　38
神経回路網　65
神経細胞　64
人工生命　2
人工知能　1, 5

索引

【す】
真理値表 32, 69, 70
推論エンジン 26
数式表現 72
数理計画問題 150
ステップ関数 67

【せ】
整数計画問題 20
静　的 40
制約条件 7
絶対参照 160
セルオートマトン 44
ゼロ除算 161
宣教師と人食い人種の問題 42
線形分離可能課題 78
選　択 142
全探索 18
前提条件 17

【そ】
総当たり法 20
相対参照 160
創発現象 2
添　字 177
即時報酬 108

【た】
多次元配列 181
多点交叉 142
ダートマス会議 5
探　索 11, 18
探索グラフ 14
探索問題 7, 19

【ち】
チェスプログラム 5
チェッカープログラム 5
知　覚 38
知識ベース 26
知　能 1
知能情報 1
チューリングテスト 3
長期報酬 108

【つ】
積み木の問題 15

【て】
適応的問題解決アルゴリズム 140
適応度 140
電子計算機 5
電子頭脳 5
伝達物質 65

【と】
動　的 40
倒立振子 107
突然変異 140
トーナメント選択 142

【な】
ナップサック問題 20

【に】
ニューラルネット 2, 5, 64, 68
ニューロン 64

【は】
配　列 176
　　──の宣言 177
バケットブリゲード 107
パーセプトロン 67, 76, 84
パターン認識 76
罰 106
発　火 67
発見的探索 24
ハノイの塔 42
判断文 169
反復文 173

【ひ】
比較演算子 167
非決定的 40
非線形システム 45
ビッグデータ 3
ヒューリスティクス 24

【ふ】
複雑系 2, 44
フラクタル 44
振る舞い 1
フレーム 27
フレーム理論 27
プロダクション 26
プロダクションシステム 25
プロダクションメモリ 26
分枝限定法 22
分類システム 107

【ほ】
方　策 111
報　酬 106
報酬関数 111

【ま】
前向き推論 27
膜電位 65

【め】
命　題 31
命題論理 31
迷路の問題 7
メタヒューリスティクス 24

【も】
盲目的探索 18
目的関数 7
目標状態 8, 11
問　題 6
　　──の表現 10
問題解決 6, 140

【や】
山登り法 23

【ゆ】
ユニット 66

【よ】
要素還元主義 44
抑制性 66

【ら】

ランク選択	142
乱数メソッド	90
ランダム方策	115

【り】

離散的	40
領域を確保	178

【る】

ルール	11, 25
ルールベース	26
ルールベースシステム	25
ルーレット選択	142

【れ】

列挙法	20
連結語	31
連続的	40

【ろ】

論理関数	69, 71
論理式	167
論理的推論	29

【わ】

ワーキングメモリ	26
割引率	123

【A】

AHC	108
AND	69
AND 関数	71

【D】

default 文	171

【E】

Excel	87, 160

【F】

for 文	173

【G】

GOFAI（ゴーファイ）	6

【I】

if-then-else 文	169
if-then 文	169
IF 関数	167
if 文	169

【J】

Java	87, 169

java アプレット	115

【L】

length 属性	180

【M】

MAX 関数	167
MIN 関数	167

【N】

NAND 関数	73
new 演算子	178
NOT	69, 70

【O】

OR	69

【Q】

Q 学習	109, 122
Q 値	122
Q テーブル	125

【R】

Random クラス	90

【S】

S-R 学習モデル	107
switch 文	171

【T】

TCLX 文字認識	84
TD 学習	112

【W】

while 文	173

【X】

XOR 関数	73

【数字】

1 次元配列	177
2 次元配列	181
8 パズル	11

【記号】

$ 記号	162

―― 著者略歴 ――

大堀　隆文（おおほり　たかふみ）
- 1973年　北海道大学工学部電気工学科卒業
- 1975年　北海道大学大学院工学研究科修士課程修了（電気工学専攻）
- 1978年　北海道大学大学院工学研究科博士後期課程修了（電気工学専攻）工学博士
- 1978年　北海道工業大学講師
- 1981年　北海道工業大学助教授
- 1993年　北海道工業大学教授
- 2014年　北海道科学大学教授（名称変更）
- 2016年　北海道科学大学名誉教授

木下　正博（きのした　まさひろ）
- 2003年　博士（工学）（北海道大学）
- 2004年　北海道工業大学講師
- 2005年　北海道工業大学助教授
- 2010年　北海道工業大学教授
- 2014年　北海道科学大学教授（名称変更）
- 現在に至る

西川　孝二（にしかわ　こうじ）
- 1996年　北海道大学工学部精密工学科卒業
- 1998年　北海道大学大学院工学研究科修士課程修了（システム情報工学専攻）
- 2002年　北海道大学大学院工学研究科博士後期課程修了（システム情報工学専攻）博士（工学）
- 2002年　ソフトバンク・コマース株式会社（現ソフトバンクモバイル株式会社）
- 2004年　北海道自動車短期大学講師
- 2007年　北海道自動車短期大学准教授
- 2014年　北海道科学大学准教授
- 現在に至る

例題で学ぶ 知能情報入門
Introduction to Intelligent Information with Examples

© Takafumi Oohori, Masahiro Kinoshita, Kouji Nishikawa 2015

2015年8月27日　初版第1刷発行
2023年1月30日　初版第2刷発行　★

検印省略	著　者	大　堀　隆　文
		木　下　正　博
		西　川　孝　二
	発行者	株式会社　コロナ社
	代表者	牛来真也
	印刷所	萩原印刷株式会社
	製本所	有限会社　愛千製本所

112-0011　東京都文京区千石4-46-10
発行所　株式会社　コロナ社
CORONA PUBLISHING CO., LTD.
Tokyo Japan
振替 00140-8-14844・電話(03)3941-3131(代)
ホームページ https://www.coronasha.co.jp

ISBN 978-4-339-02497-5　C3055　Printed in Japan　　（高橋）

〈出版者著作権管理機構　委託出版物〉
本書の無断複製は著作権法上での例外を除き禁じられています。複製される場合は、そのつど事前に、出版者著作権管理機構（電話 03-5244-5088、FAX 03-5244-5089、e-mail: info@jcopy.or.jp）の許諾を得てください。

本書のコピー、スキャン、デジタル化等の無断複製・転載は著作権法上での例外を除き禁じられています。
購入者以外の第三者による本書の電子データ化及び電子書籍化は、いかなる場合も認めていません。
落丁・乱丁はお取替えいたします。

メディア学大系

(各巻A5判)

■監修　相川清明・飯田　仁（第一期）
（五十音順）相川清明・近藤邦雄（第二期）
　　　　　大淵康成・柿本正憲（第三期）

配本順			頁	本体
1. (13回)	改訂 メディア学入門	柿本正憲・大淵康成・進藤美希 共著	210	2700円
2. (8回)	CGとゲームの技術	三上浩司・渡辺大地 共著	208	2600円
3. (5回)	コンテンツクリエーション	近藤邦雄・三上浩司 共著	200	2500円
4. (4回)	マルチモーダルインタラクション	榎本美香・飯田　仁・相川清明 共著	254	3000円
5. (12回)	人とコンピュータの関わり	太田高志 著	238	3000円
6. (7回)	教育メディア	稲葉竹俊・松永信介・飯沼瑞穂 共著	192	2400円
7. (2回)	コミュニティメディア	進藤美希 著	208	2400円
8. (6回)	ICTビジネス	榊　俊吾 著	208	2600円
9. (9回)	ミュージックメディア	大山昌彦・伊藤謙一郎・吉岡英樹 共著	240	3000円
10. (15回)	メディアICT（改訂版）	寺澤卓也・藤澤公也 共著	256	2900円
11.	CGによるシミュレーションと可視化	菊池　司・竹島由里子 共著		
12. (17回)	CG数理の基礎	柿本正憲 著	210	2900円
13. (10回)	音声音響インタフェース実践	相川清明・大淵康成 共著	224	2900円
14. (14回)	クリエイターのための映像表現技法	佐々木和郎・羽田久一・森川美幸 共著	256	3300円
15. (11回)	視聴覚メディア	近藤邦雄・相川清明・竹島由里子 共著	224	2800円
16.	メディアのための数学 —数式を通じた現象の記述—	松永信介・相川清明・渡辺大地 共著		
17. (16回)	メディアのための物理 —コンテンツ制作に使える理論と実践—	大淵康成・柿本正憲・椿郁子 共著	240	3200円
18.	メディアのためのアルゴリズム —並べ替えから機械学習まで—	藤澤公也・寺澤卓也・羽田久一 共著		
19.	メディアのためのデータ解析 —Rで学ぶ統計手法—	榎本美香・松永信介 共著		

定価は本体価格+税です。
定価は変更されることがありますのでご了承下さい。

図書目録進呈◆

自然言語処理シリーズ

(各巻A5判)

■監修　奥村 学

配本順			頁	本体
1.（2回）	言語処理のための機械学習入門	高村 大也 著	224	2800円
2.（1回）	質問応答システム	磯崎・東・中 永田・加藤 共著	254	3200円
3.	情報抽出	関根 聡 著		
4.（4回）	機械翻訳	渡辺・今村 賀沢・Graham 中澤 共著	328	4200円
5.（3回）	特許情報処理：言語処理的アプローチ	藤井・谷川 岩山・難波 山本・内山 共著	240	3000円
6.	Web言語処理	奥村 学 著		
7.（5回）	対話システム	中野・駒谷 船越・中野 共著	296	3700円
8.（6回）	トピックモデルによる統計的潜在意味解析	佐藤 一誠 著	272	3500円
9.（8回）	構文解析	鶴岡 慶雅 宮尾 祐介 共著	186	2400円
10.（7回）	文脈解析 ―述語項構造・照応・談話構造の解析―	笹野 遼平 飯田 龍 共著	196	2500円
11.（10回）	語学学習支援のための言語処理	永田 亮 著	222	2900円
12.（9回）	医療言語処理	荒牧 英治 著	182	2400円

定価は本体価格+税です。
定価は変更されることがありますのでご了承下さい。

図書目録進呈◆

コンピュータサイエンス教科書シリーズ

(各巻A5判，欠番は品切または未発行です)

■編集委員長　曽和将容
■編集委員　　岩田　彰・富田悦次

配本順			頁	本体
1. (8回)	情報リテラシー	立花 康夫／曽和将容／春日秀雄 共著	234	2800円
2. (15回)	データ構造とアルゴリズム	伊藤大雄 著	228	2800円
4. (7回)	プログラミング言語論	大山口通夫／五味弘 共著	238	2900円
5. (14回)	論理回路	曽和将容／範公可 共著	174	2500円
6. (1回)	コンピュータアーキテクチャ	曽和将容 著	232	2800円
7. (9回)	オペレーティングシステム	大澤範高 著	240	2900円
8. (3回)	コンパイラ	中田育男 監修／中井央 著	206	2500円
10. (13回)	インターネット	加藤聰彦 著	240	3000円
11. (17回)	改訂 ディジタル通信	岩波保則 著	240	2900円
12. (16回)	人工知能原理	加納政芳／山田雅之／遠藤守 共著	232	2900円
13. (10回)	ディジタルシグナルプロセッシング	岩田彰 編著	190	2500円
15. (18回)	離散数学	牛島和夫 編著／相利民／朝廣雄一 共著	224	3000円
16. (5回)	計算論	小林孝次郎 著	214	2600円
18. (11回)	数理論理学	古川康一／向井国昭 共著	234	2800円
19. (6回)	数理計画法	加藤直樹 著	232	2800円

定価は本体価格+税です。
定価は変更されることがありますのでご了承下さい。

図書目録進呈◆